철 화합물이 혐기소화에 미치는 영향

철 화합물이 혐기소화에 미치는 영향

초판인쇄 | 2019년 1월 10일 지은이 | 백가현 김진수 김단비 이창수 펴낸이 | 김영태 펴낸곳 | 도서출판 한비CO
출판등록 | 2006년 1월 4일 제 25100-2006-1호 주소 | 700-442 대구시 중구 남산2동 938-8번지 미래빌딩 3층 301호
전화 | 053)252-0155 팩스 | 053)252-0156 홈페이지 | http://hanbimh.co.kr
이메일 | kskhb9933@hanmail.net

ISBN 979-11-86459-89-8
값 10,000원

*잘못된 책은 교환해 드립니다.
*저자와의 협의로 인지는 생략합니다.

철 화합물이 혐기소화에 미치는 영향

백가현

김진수

김단비

이창수

목 차

1. 머리말 _01

2. 철 화합물의 역할과 기능에 대한 이해 _06

    2.1. 미생물에 의한 철 대사반응 _06

    2.2. 철 화합물의 특성 _12

3. 철 화합물에 의한 메탄 생성 촉진 _21

    3.1. 환원제로서의 0가 철 _21

    3.2. 종간직접전자전달 반응의 촉진 _28

    3.3. 철 이온의 침출 및 영양분으로서의 활용 _38

4. 철 화합물에 의한 메탄 생성 저해 _48

    4.1. 철환원균과 메탄생성균의 경쟁 관계 _48

    4.2. 독성 효과 _57

5. 맺음말 _61

참고문헌 _65

철 화합물이 혐기소화에 미치는 영향

백가흰 김진수 김단비 이창수 저

1. 머리말

철은 지구상에 존재하는 가장 풍부한 전이 금속이며, 수권, 암석권, 대기권, 생물권 전반에 걸쳐 광물 또는 용해된 이온을 비롯한 다양한 상태로 존재하고 있다(Kappler & Straub, 2005). 철은 대표적으로 금속 효소(metalloenzyme)를 포함하여 다양한 세포 물질들의 주요 구성 성분이며, 대부분의 생물의 생장에 필수적인 요소로 알려져 있다(Konhauser et al., 2011). 자연계에는 매우 많은 양의 철 화합물이 존재하며(건조된 토양 1kg당 10mmol 단위의 철 화합물 함유), 대부분의 철은 산소와 결합하여 철 산화물의 상태로 존재한다. 무산소 또는 혐기성 환경에서는 Fe(II)와 Fe(III)의 상태를 반복적으로 오고 가며 중요한 생지화학적(biogeochemical) 산화환원 반응을 돕는 전자전달 매개체로서의 역할을 수행하기도 한다(Straub et al., 2001). 이러한 전자전달 사이클은 살아있는 생물뿐만 아니라 다른 유기물과 무기물의 상태에도 큰 영향을 미치기 때문에, 지구 생성 초기부터 현재의 생지화학적 환경이 형성되기까지 매우 중요한 과정으로 알려져 있다(Weber et al., 2006). 전기전도성을 가진 철 화합물들의 경우에는 화학적인 상대 변화 없이도 전자를 전달하는 도관 역할을 수행함으로써 전기적 활성을 띠는 미생물들이 세포 밖 전자 전달(extracellular electron transfer)에도 관여할 수 있다고 알려져 있다. 이는 비교적 최근의 발견으로, 이를 통하여 서로 다른 미생물 사이에 전자운반체 없이 전자가 직접 교환되는 전기적 공생관계(electric syntrophy)가 이루어질 수 있다(Kato et al., 2012).

철은 자연계뿐 아니라 다양한 산업에서도 풍부하게 이용되는 원소이기 때문에, 산업 현장으로부터 나오는 폐수나 폐기물에도 풍부한 양의 철이 함유되어 있다(Kim, 2004). 철 화합물은 형태와 양에 따라서 생물학적 폐수/폐기물 처리 공정에서 특정 미생물이나 효소에 미치는 영향이 다르다. 혐기소화(anaerobic digestion)는 혐기성 환경에서 가장 주요하게 일어나는 생물학적 반응 중 하나이며, 매년 식물과 조류(algae)에 의해 고정되는 탄소의 1.6%에 달하는 양이 혐기소화 과정을 거쳐 순환된다(Liu & Whitman, 2008). 자연계에서 혐기소화를 통해 발생된 메탄은 대기권으로 방출되는 전체 메탄의 74%가량을 차지한다(Liu & Whitman, 2008; Whitman et al., 2014). 유기성 폐기물을 혐기소화 과정으로 처리하면 오염물질 처리와 동시에 메탄을 주성분으로 하는 바이오가스를 생산할 수 있기 때문에, 환경·에너지 문제 해소를 위한 재생에너지기술로 혐기소화를 적극적으로 활용하려는 노력이 활발히 이루어지고 있다. 혐기소화 과정에 철이 존재하게 되면, 다양한 미생물의 에너지 대사 및 생물화학적 반응에 직·간접적으로 영향을 미치게 되며 궁극적으로는 메탄 발생의 효율에도 영향을 미치는 것으로 알려져 있다. 다양한 철 화합물들이 미량원소(trace element)나 영양 물질로서 가지는 기능이나 미생물 활성에 미치는 영향에 대하여 보고된 자료들에 비하여, 메탄 생성 반응에 미치는 영향에 대하여 정리된 자료는 상대적으로 부족한 실정이다.

혐기소화 과정에서 철 화합물의 첨가가 메탄 생성 반응에 미치는 영향을 조사한 연구들은 상반되는 결과들을 제시하고 있다. 예를 들어, 0가 철(zero-valent iron)을 혐기소화조에 첨가하면, 물에 의한 0가 철의 산화에 의해 수소가 더 많이 발생하게 되고, 수소는 메탄 생성 반응의 기질로 쓰일 수 있기 때문에 결과적으로 메탄 생성이 촉진된다고 보고된 바 있다. 또한, 0가 철 자체가 가지는 환원력 때문에 더 강한 환원조건(reducing condition)을 형성시키면서 혐기성 미생물들에게 긍정적인 영향을 미친다고 보고되었다(Feng et al., 2014; Kong et al., 2016; Suanon et al., 2016). 쉽게 용해되는 철 산화물의 경우 Fe(II)나 Fe(III)와 같은 이온들을 많이 생성할 수 있고, 이들은 미생물의 활성과 전자전달에 긍정적인 영향을 미침으로써 궁극적으로 메탄 생성 효율을 높일 수 있다고 보고되었다(Bosch et al., 2010). 한편, 유기산을 산화하는 박테리아(fatty acid-oxidizing bacteria)와 메탄생성균 사이에 전자를 주고받는 과정이 수소나 포름산 등의 전자운반체를 통해 일어나는 간접전자전달(indirect interspecies electron transfer; IIET)뿐 아니라 전자운반체가 필요 없는 직접전자전달(direct interspecies electron transfer; DIET)을 통해서도 가능하다는 것이 최근 들어 보고되었다(Morita et al., 2011; Rotaru et al., 2014b). 종간직접전자전달 반응이 전도성 철 화합물을 비롯한 전도성 물질에 의해 촉진될 수 있다는 결과가 많은 연구에서 보고되고 있다(Baek et al., 2016; Kato et al., 2012; Li et al., 2015). 하지만 이와는 반대로, 철 화합물을 첨가하여 메탄 생성이 저해됨을 보고한 사례들도 다수 존재한다. 예를 들어, Fe(III)가 풍부하게 존재하는 혐기성 환경에서는 철환원균과 메탄생성균이 공통 기질인 수소와 아세트산에 대해서 기질 경쟁 관계에 놓이게 된다(Qu et al., 2004; Roden & Wetzel, 2003; Roden &

Wetzel, 1996). 메탄 생성 반응에 비하여 철 환원 반응이 더 낮은 기질 한계치(substrate threshold)를 가지며 열역학적으로 더 유리한 반응이기 때문에(Lovley & Phillips, 1987), 철이 풍부하게 함유된 토양이나 퇴적물 등에서는 이러한 경쟁 관계의 영향으로 메탄 생성 반응의 저해가 관찰되기도 한다(Roden & Wetzel, 2003). 또한, 다른 중금속들과 마찬가지로 철 화합물이 높은 농도로 존재할 때에는 메탄생성균을 포함한 다양한 미생물에 대하여 독성을 유발할 수 있다(Mudhoo & Kumar, 2013). 철 이온이나 0가 철, 특히 나노 입자 0가 철의 경우에는 혐기소화에 관여하는 미생물들에게 독성을 유발하여 메탄 생성 감소를 일으킨다는 결과들이 보고된 바 있다(Auffan et al., 2008; Chen et al., 2011; Yang et al., 2013).

위에서 서술한 바와 같이 철 화합물들에 따라 메탄 생성 반응에 미치는 영향이 다른 것은 각 화합물들이 가지는 서로 다른 물리화학적 특성 때문이다. 여러가지 특성 중 가장 중요한 요인은 생물학적 이용가능성(bioavailability)에 영향을 미칠 수 있는 인자인 용해도(solubility)와 결정화도(crystallinity)이다. 용해도가 높고 결정화도가 낮은 철 화합물들이 Fe(II)나 Fe(III)와 같은 철 이온들을 더 쉽게 방출할 수 있으며, 이에 따라 메탄 생성 반응에 관여하는 미생물들의 대사 반응과 활성에 더 직접적인 영향을 미칠 수 있다. 산화환원 특성(redox property)은 혐기소화조 내의 산화환원 전위(oxidation-reduction potential; ORP)를 결정짓는 주요한 요소이며, 일반적으로 효과적인 메탄 생성을 위해서는 -300mV 이하로 유지되어야 한다고 알려져 있다. 한편, 전기전도성은 앞서 언급한 대로 서로 다른 미생물 간의 전기적 공생 관계를 촉진시킬 수 있는 주요한 특성이다. 본 교재에서는 기존 문헌과 최근 연구 결과를 바탕으로 다양한 철 화합물들이 메탄 생성 반응에 미칠 수 있는 직·간접적인 영향과 그 기작을 알아보고, 이와 관련된 물리화학적인 특성들을 비교하여 정리하고자 한다.

2. 철 화합물의 역할과 기능에 대한 이해

2.1. 미생물에 의한 철 대사반응

철은 초기 상태의 지구에서 가장 풍부한 광물이었으며, 현대의 지구에서도 토양이나 퇴적물 등에 매우 많은 양으로 분포하고 있다(50-200mmol/kg dry matter)(Kappler & Straub, 2005). 지구 생성 초기의 생지화학적 시스템이 형성될 때, 철 화합물의 존재 및 이들의 Fe(II)와 Fe(III)를 통한 산화환원 전환(redox transition)이 큰 영향을 미쳤을 것으로 추측된다(Konhauser et al., 2011; Weber et al., 2006). 철 환원 과정을 통한 호흡은, 산소나 질산염, 황산염 등을 이용한 호흡이 가능하기 전 초기 미생물들이 택했던 대표적인 호흡 방식으로 알려져 있다. 다양한 고세균과 박테리아들이 Fe(II)/Fe(III) 산화환원 방식을 통한 호흡에 기반한 대사과정을 진행할 수 있다는 것이 이 주장을 뒷받침한다(Liu et al., 2015a; Weber et al., 2006). 현대 지구에서도 마찬가지로, 철 화합물은 수권, 생물권, 지구권, 대기권을 막론하고 모든 자연계에서 중요한 역할을 수행한다. 대부분의 미생물들은 철을 영양분으로 필요로 하며, 많은 미생물들이 호기성 및 혐기성 에너지 대사 과정에서 철을 이용한다. 현대 지구에서 철이 생지화학적으로 사용되는 사이클을 그림 2-1에 요약하여 제시하였다(Kappler & Straub, 2005; Pérez-Guzmán et al., 2010).

자연계에 존재하는 철 화합물의 경우에는 산소와 쉽게 반응하기 때문에, 주로 산화된 형태(Fe(II)나 Fe(III)를 포함한 형태)로 존재한다. 산화된 철은 Fe(II)나 Fe(III)를 포함한 광물 형태로 존재하거나, 수계에서 이온 상태로 용해되어 존재할 수 있다. Fe(II)와 Fe(III)를 오고 가는 산화환원 반응은 화학적 또는 생물학적으로 일어날 수 있으며, 산소 농도, pH 등 주변 조건에 의해 크게 영향을 받는다. Fe(II)의 산화는 호기성 또는 무산소 조건에서 무기영양균(lithotrophic bacteria)의 활성에 의해 일어나며 산성 조건에서는 산소의 환원과정을 수반한다. 반면에 Fe(III)의 환원은 무산소 조건에서 주로 일어난다(Straub et al., 2001). 한편, Fe(II)나 Fe(III)를 포함한 화합물이 물에 용해되는 정도는 주로 pH 조건에 의해 결정된다. 중성 pH 조건에서는 낮은 용해도를 보이기 때문에 미생물들에 의해 이용될 가능성이 낮아진다. 이 때문에, 철이 부족한 환경에서는 미생물들이 사이더로포어(siderophore)라는 킬레이트 물질을 분비하여 Fe(III)의 용해도를 높이기도 한다(Sandy & Butler, 2009).

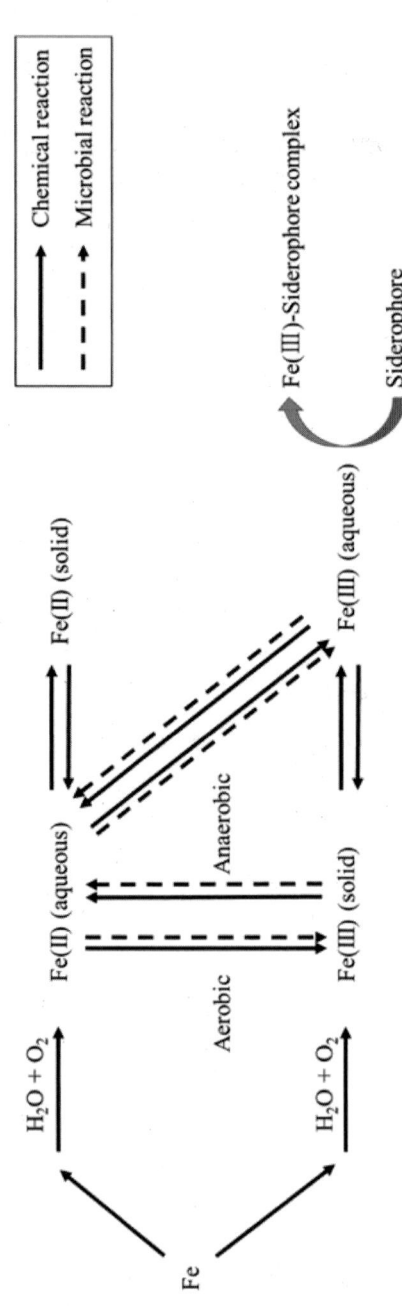

그림 2-1. 자연계에서의 생지화학적 철 사이클

자연계에서 존재하는 철 화합물의 형태는 주변 환경에 의해 결정된다. 주요한 철 화합물의 종류와 특징을 표 2-1에 정리하였다. 각 화합물들의 서로 다른 특징은 효소 활성, 생물학적 이용가능성, 혼합배양(mixed-culture) 환경에서 특정 미생물의 생장을 촉진하는 정도 등 다양한 요인에 복합적으로 영향을 미칠 수 있다. 토양, 퇴적물, 대수층 등 자연계의 다양한 무산소 환경에는 이미 미생물들이 쉽게 접근할 수 있을 만큼의 풍부한 철 화합물이 존재하며, 이는 메탄 생성 반응과 같은 혐기성 미생물 반응에 철 화합물이 충분히 영향을 미칠 수 있음을 의미한다. 자연계뿐 아니라, 다양한 폐수 및 폐기물을 처리하는 혐기소화 공정에서도 철 화합물의 역할은 매우 중요하다. 혐기소화는 하수슬러지, 음식물쓰레기, 가축분뇨 등 고농도 유기성 폐기물을 처리하는 공정으로 널리 활용되고 있다. 예를 들어, 혐기소화로 처리되는 주요 폐기물 가운데 하나인 잉여슬러지(waste activated sludge)에는 13.6mg/g total solids의 철이 함유되어 있으며(Park et al., 2006), 파일럿 규모 폐수처리 공정에서 발생하는 유출수에도 1.6mg/L의 철이 함유되어 있음이 보고된 바 있다(De la Cruz et al., 2013; Park et al., 2006). 따라서, 자연계뿐 아니라 공정 시스템에서 조성된 혐기성 환경에서 철 화합물이 메탄 생성 반응에 미치는 영향은 무시할 수 없기 때문에 이에 대한 이해가 필요하다.

표 2-1. 다양한 철 화합물들의 물리화학적 특성 및 용도

철 화합물	화학식	결정 구조	전도도 ($\Omega^{-1} \cdot cm^{-1}$)	자성	융해도	색	용도
Akaganeite	β-FeOOH	Monoclinic	~10^{-9}	Antiferromagnetic	3.04[a]	Brown, Yellow	Nanorod arrays for a lithium-ion battery
Feroxyhyte	δ-FeOOH	Hexagonal	~10^{-9}	Ferrimagnetic	–	Dark reddish	–
Ferrihydrite	Fe(OH)$_3$	Hexagonal	1[b]	Speromagnetic	-39.5 to -31.7[c]	Dark reddish brown	Precursor of more crystalline iron compounds
Goethite	α-FeOOH	Orthorhombic	~10^{-9}	Antiferromagnetic	-42.4 to -39.8[c]	Brown, Yellow	Pigment
Hematite	α-Fe$_2$O$_3$	Hexagonal	4×10^{-5}	Antiferromagnetic	-42.75[c]	Bright red	Pigment production

Name	Formula	Crystal structure	Magnetic	χ or solubility	Color	Application
Iron(II) chloride	$FeCl_2$	Monoclinic	Paramagnetic	M^d	685 g/L[e] Green	Coagulation and flocculation agent
Iron(III) chloride	$FeCl_3$	Hexagonal	Paramagnetic	M	920 g/L[e] Dark green, Yellow	Sewage treatment
Maghemite	$\gamma-Fe_2O_3$	Cubic, Tetragonal	Ferrimagnetic	2.6×10^{-5}	−42.75[c] Brownish red	Magnetic pigment in electronic recording media
Magnetite	Fe_3O_4	Cubic	Ferromagnetic	$10^{-2}-10^3$	12.02[a] Black, grey	Heavy media separation

[a] 산성, 25°C 조건에서의 용해도 곱 (solubility product).
[b] 비전도성.
[c] 산성, 35°C 조건에서의 용해도 곱.
[d] 금속성.
[e] 산성, 20°C 조건에서의 용해도

2.2. 철 화합물의 특성

철 화합물의 종류는 서로 다른 특성에 의해 나뉘게 되고, 이 특성들은 산화환원 조건, pH, 미생물 군집 구조 등 다양한 주변 요인에 의해 영향을 받는다 (Jolivet et al., 2004). 예를 들면, Fe(III)는 용액 내의 Fe(III) 이온, Fe(III) 복합체, 유기물과 Fe(III)의 킬레이트 화합물 등 다양한 형태로 존재할 수 있다(Lovley, 1987). 이처럼 서로 다른 물리화학적 특성에 따라 철 화합물은 혐기성 환경에서 메탄 생성을 촉진하기도 하고 저해하기도 한다. 주요 철 화합물들이 메탄 생성이 미치는 영향을 좌우하는 주요 물리화학적 특성들은 표 2-1에 정리되어 있으며, 그 중 몇 가지 중요한 특성들에 대하여 아래에서 자세히 다루고자 한다.

① 용해도

자연계에 존재하는 대부분의 Fe(III) 화합물은 중성 근처의 pH 조건에서 매우 낮은 용해도를 가진다(~10^{-10}mol Fe(III)/L)(Konhauser et al., 2011). 몇몇 Fe(II) 화합물들은 Fe(III) 화합물에 비해 용해도가 높지만(~10^{-3}mol/L 수준), Mn(IV), 질산염, 아질산염, 산소 등의 전자 수용체(electron acceptor)에 의해 Fe(III) 화합물로 산화되기 쉽다. 이러한 사실은 대부분의 철 화합물이 토양이나 침전물에 고체 상태로 존재하며, 미생물의 생장에 제한 영양 물질(limiting nutrient)로 작용하는 현상을 설명해준다. 철 화합물의 가용화는 매우 느린 반응이며 주로 pH에 의해 조절된다. 강한 산성이나 강한 알칼리성 조건의 pH 환경에서는 주로 용해된 형태로 존재하게 된다(Colombo et al.,

2014). 메탄 생성 반응을 위한 최적의 pH는 7 근처의 중성이며 혐기소화 공정도 중성 pH에서 운전된다. 중성 pH에서는 철 화합물의 용해도가 낮기 때문에, 철 화합물의 용해도는 메탄 생성 반응에 대한 영향과 정도를 결정하는데 중요한 요소가 된다(Wang et al., 1993). 한편, 탄산철(iron carbonate), 황화철(iron sulfide), 킬레이트화 철 화합물과 같이 비교적 높은 용해도를 가지는 철 화합물들은 상대적으로 용이하게 미생물 생장을 위한 영양분이나 산화환원 반응의 매개체로 쓰일 수 있다.

  많은 미생물들이 용해도가 낮은 철 화합물을 이용하기 위해서 사이더로포어라는 작은 분자량의 킬레이트 물질을 분비한다(그림 2-2)(Konhauser et al., 2011). 사이더로포어는 철이 부족한 환경에서 Fe(III) 이온과 선택적으로 결합하여 킬레이트를 형성한다. Fe(III)는 결합체의 형태로 세포 내부로 운반된 후에 Fe(II)로 환원되어 미생물의 대사과정에 이용된다. 이러한 방식으로 세포 내부에 충분한 양의 철이 축적되고 나면, 사이더로포어의 분비가 멈추게 된다. 한편, 철환원균의 경우 세포외막에 존재하는 multi-heme 시토크롬(cytochrome)이라는 전자 이동 효소를 사용하여 Fe(III) 산화물을 최종 전자 수용체로 사용할 수 있다(Fredrickson et al., 1998). 이때, Fe(III) 산화물과 세포 표면의 직접적인 접촉을 통하여 낮은 용해도를 극복하고 Fe(III) 환원이 진행될 수 있다. 이는 다량의 c-type 시토크롬이 위치한 세포 표면에서 일어나는 이러한 일련의 연속적인 호흡 활동에 의해 이루어진다. 말단 헴(heme)은 세포외막 표면에 노출되어 있어 세포와 Fe(III) 산화물 사이의 전자전달을 용이하게 한다.

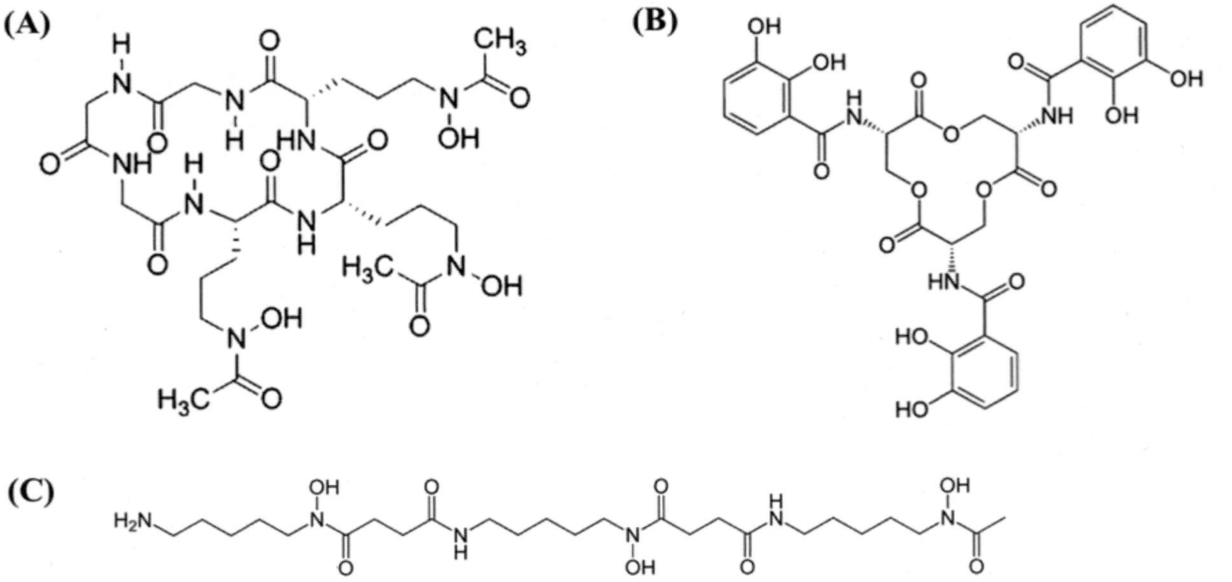

그림 2-2. 사이더로포어의 예시 (A) Ferrichrome (B) Enterobactin (C) Desferrioxamin B
(출처: Wikipedia)

14

② 결정화도

결정화도란 물질이 결정되어 있는 정도를 일컫는 말이며, 원자 격자의 3차원 정렬 정도에 따라 값이 결정된다. 자연계에는 다양한 종류의 결정화도 및 결정 구조를 가진 철 화합물이 존재하며, 비교적 결정화도가 낮은 물질로는 페리하이드라이트(ferrihydrite; $Fe(OH)_3$), Fe(III) oxyhydroxide가 있으며 결정화도가 높은 물질로는 헤마타이트(hematite), 마그네타이트(magnetite), 고에타이트(goethite) 등이 있다(Thompson et al., 2006). 자연계의 철 산화물의 경우에는 일반적으로 결정화도가 높은 물질이 비결정질의 물질보다 더 풍부하게 존재한다고 알려져 있다. 예를 들면 지표 밑의 침전물을 조사해 본 결과, 비결정질의 철 산화물보다 결정질의 철 산화물이 2배에서 10배까지 더 많다는 사실이 보고된 바 있다(Roden & Urrutia, 2002). 하지만, 각 물질의 결정화도와 결정의 크기는 같은 물질이더라도 해당 물질이 어떠한 환경에서 생성되었는지에 따라 달라지며, 이는 생물학적 이용가능성의 정도에도 크게 영향을 미친다(Cornell & Schwertmann, 2003). 앞서 언급한 바와 같이 Fe(III) 산화물은 생물학적 이화 환원(dissimilatory reduction) 작용의 최종 전자 수용체로 사용되며, 이는 가용한 Fe(III) 산화물의 존재 정도가 유기물 분해 정도에 영향을 미칠 수 있다는 것을 의미한다(Lovley, 1987). 일반적으로 결정화도가 낮은 물질이 생물학적으로 잘 쓰일 수 있는 형태로 알려져 있다. 결정화도와 생물학적 이용가능성이 연관되는 이유와 기작, 그리고 메탄 생성 반응에 미치는 영향에 대해서는 4.1 단원에서 자세히 살펴볼 예정이다.

③ 전기전도도

전기전도도란 특정 물질에 흐를 수 있는 전류의 크기를 나타낸다. 이는 바깥 껍질에 존재하는 자유전자의 개수에 따라 결정되며, 철 산화물의 경우에는 Fe 3d 전자가 주요 결정 인자가 된다(Cornell & Schwertmann, 2003). 일반적으로, 고체 물질의 전기전도도는 밴드 갭(band gap)이라고 불리우는 에너지 차이에 의해 결정되는데, 이는 원자가 전자대(valence band)의 꼭대기와 전도대(conduction band)의 바닥 사이의 에너지 차이로 정의된다. 그림 2-3에 나타난 바와 같이, 일반적으로 이 밴드 갭이 크면 비전도성 물질, 작으면 반전도성 물질, 매우 작거나 원자가 전자대와 전도대의 겹침 현상으로 인해 존재하지 않으면 전도성 물질로 구분한다(Kittel et al., 1996). 자연계에는 전도성, 반전도성, 비전도성을 띠는 다양한 철 화합물들이 존재한다. 주요 철 화합물에 대한 전기전도도 정보는 표 2-1에 제시하였다. 철 화합물의 생물학적 이용가능성과 기작은 전기전도도에 의해서도 크게 영향을 받는다 (Kato et al., 2010; Michel et al., 2007). 최근 전도성 물질이 종간직접전자전달을 통한 미생물 사이의 전자 교환을 촉진한다는 사실이 보고되면서, 특히 혐기성 환경에서의 전도성 철 화합물의 역할과 활용 가능성이 많은 주목을 받고 있다. 이에 대한 보다 자세한 정보는 3.1 단원에 정리하였다.

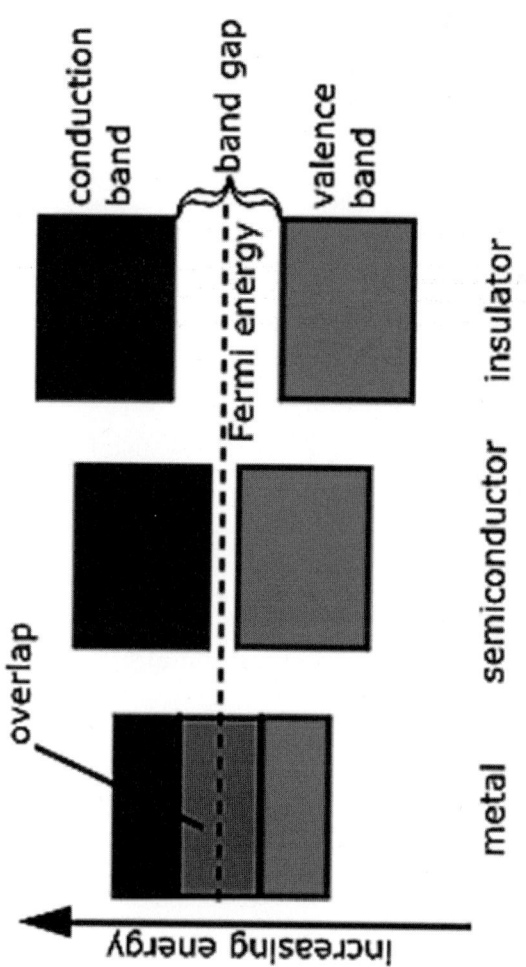

그림 2-3. 전도성, 반전도성, 비전도성 물질의 밴드 갭 비교

(출처: Wikimedia commons)

④ 자성

자력에 의해 이끌리는 물리적 현상을 자성이라고 일컫는다. 어떠한 물질이 가진 자성은 물체가 지니고 있는 자기 모멘트의 방향과 정도에 따라 분류된다(그림 2-4). 강자성(ferromagnetism)을 띠는 물질은 외부 자기장이나 전기적 신호에 강하게 이끌리며, 한번 자화가 일어나면 외부 자기장이 사라져도 잔류 자화가 남아있는 물질이다. 이 특별한 성질은 자연계에 풍부하게 존재하는 철 광물인 마그네타이트에서 처음 발견되었다. 상자성(paramagnetism), 반강자성(antiferromagnetism), 반자성(diamagnetism) 등 다른 종류의 자성들은 그 세기가 약해 직접 관찰하기가 힘들다. 표 2-1에 제시된 바와 같이, 철 화합물은 다양한 종류의 자성을 갖는다. 철 화합물에서의 자성은 인접한 철 이온들끼리의 상호 작용에 의해 유도된다(Cornell & Schwertmann, 2003). 하지만, 현재까지 철 화합물들의 자성이 미생물 활성에 미치는 효과에 관한 연구는 미미한 실정이다. 최근 종간직접전자전달 촉진을 통한 혐기소화 효율 향상을 목적으로 첨가한 마그네타이트를 자력으로 회수하고 재이용하는 시도가 성공적으로 검증되어 보고된 바 있다(Baek et al., 2017). 이는 자성 전도성 물질을 활용한 혐기소화 효율 향상 기술의 경제성 및 실용성 개선 가능성을 제시한 결과로, 자력 회수의 효과에 대한 보다 종합적인 평가를 위해서는 자력이 혐기성 미생물에 미치는 영향에 대한 검토가 필요하다.

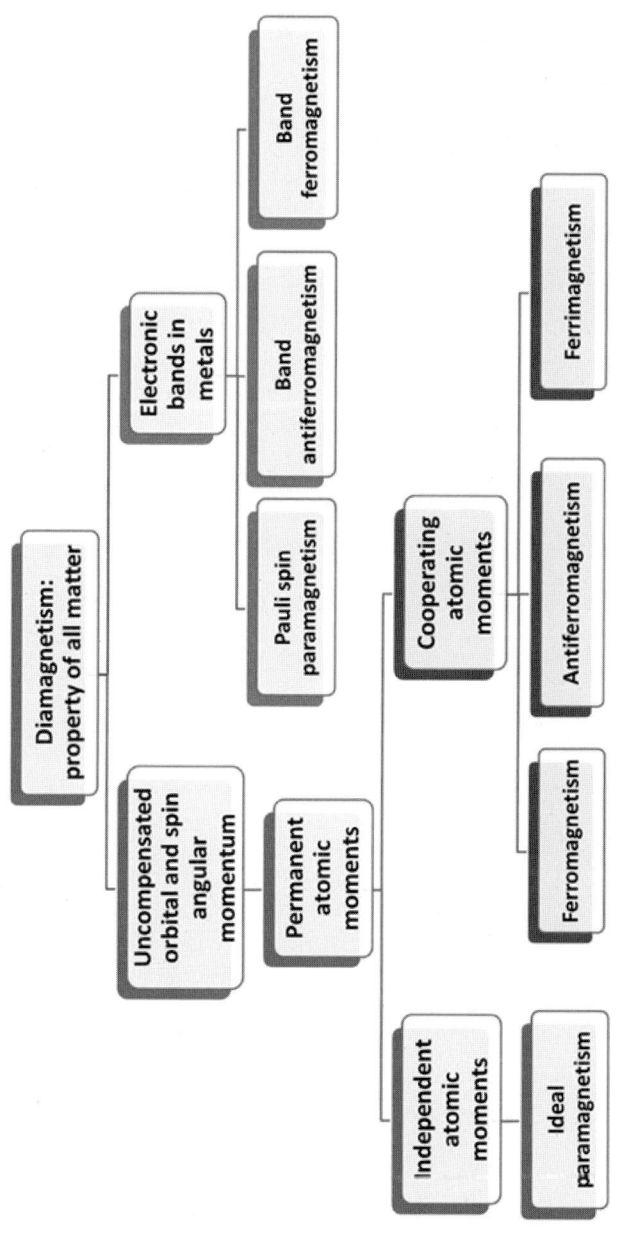

그림 2-4. 자성의 구분
(출처: Wikimedia commons)

이어지는 단원부터는 다양한 종류의 철 화합물들이 메탄 생성을 촉진하거나 저해한 사례에 관해 서술할 것이다. 이에 관련된 메커니즘들은 직접적 또는 간접적으로 미생물 활성에 영향을 미치며, 이는 위와 같이 서술된 철 화합물들의 특성에서 기인한 것으로 보인다.

3. 철 화합물에 의한 메탄 생성 촉진

3.1. 환원제로서의 0가 철

0가 철(zero-valent iron, ZVI)은 비교적 저렴하고 반응성이 높으며 자연계에 풍부하게 존재하고 생물체에 독성이 없다고 알려져 있기 때문에, 폐수나 지하수를 처리하는 환원제로 많이 쓰이고 있다(Fu et al., 2014). ZVI는 입자 크기나 혼합 상태에 따라 micro-sized ZVI(mZVI), nano-sized ZVI(nZVI), 고철(scrap) 등으로 구분된다. ZVI는 트리클로로에틸렌(trichloroethylene), 질산염, 비소와 같은 오염 물질의 화학적 처리에 널리 이용되고 있으며, 생물학적 처리를 촉진시키는 효과도 가지는 것으로 알려져 있다(Fu et al., 2014). ZVI는 혐기성 환경에서 스스로 산화되면서 다른 물질의 환원에 필요한 전자를 제공하는 환원제로 작용한다. 이 때문에 ZVI는 혐기성 환경에서 일어나는 메탄 생성 반응에 직·간접적으로 영향을 미칠 수 있다. 아래에 ZVI 첨가에 의해서 메탄 생성 반응이 촉진되는 세 가지 주요 기작을 소개하였다.

(i) ZVI는 강한 환원력을 가지기 때문에 메탄생성균을 비롯한 혐기성 미

생물들의 생장에 유리한 환원성 환경 조성에 도움이 된다. ZVI 첨가로 인해 반응기 내부의 산화환원 전위(oxidation-reduction potential; ORP)가 낮게 유지될 수 있으며, 이는 혐기성 미생물들의 생장 및 활성 유지에 긍정적으로 작용한다(Liu et al., 2011). 한편, 산화환원 전위의 변화는 혐기소화의 중간 생성물인 휘발성 유기산(volatile fatty acids; VFAs)의 조성을 변화시키는 것으로 보고되었다. 혐기소화의 중간 단계인 산 생성단계(acidogenesis)에는 크게 세 가지의 발효 경로가 존재한다. 부틸산과 아세트산을 주로 생성하는 butyric type 발효 경로, 프로피온산과 아세트산이 주로 생성되는 propionic type 발효 경로, 아세트산과 에탄올이 주로 생성되는 acetic type 발효 경로가 주요 경로이다(Ren et al., 1997). -278mV보다 높은 산화환원 전위 조건에서는 propionic type 발효 경로가 우세하게 된다고 알려져 있으며, 반대로 acetic type 및 butyric type 발효 경로는 상대적으로 낮은 산화환원 전위 조건에서 우세하다고 한다(Wang et al., 2006). 위에서 언급한 대로 ZVI의 첨가는 반응기 내부의 산화환원 전위를 낮게 유지시켜 주고, 이는 propionic type 발효 경로가 산 생성단계의 주요 경로가 되는 것을 방지한다. 프로피온산의 혐기성 분해가 열역학적으로 불리한 반응이라는 사실을 고려할 때, ZVI 첨가에 의한 프로피온산 생성 저하를 통하여 메탄 생성 반응을 간접적으로 촉진하는 효과를 기대할 수 있다. Liu et al. (2011)은 ZVI를 첨가한 혐기소화조에서 ZVI를 넣지 않은 대조군에 비해 산화환원 전위 값이 현저하게 감소되는 것을 관찰하였다(-270~-320mV). 또한, Feng et al. (2014)의 연구에서는 ZVI의 농도가 0g/L에서 4g/L로 증가함에 따라 프로피온산이 전체 산 생성물 가운데 차지하는 비율이 20.6%에서 11.7%로 감소되었다.

(ii) 혐기성 환경에서는 ZVI가 Fe(II) 이온으로 산화되는 반응을 통해 수소 가스가 생성될 수 있다(반응식 1). 이렇게 생성된 수소는 수소이용성 메탄생성균의 기질로써 활용될 수 있기 때문에(반응식 2), 궁극적으로 메탄 생성의 증가를 유발할 수 있다.

$$Fe^0 + 2H^+ \rightarrow Fe^{2+} + H_2(g) \qquad \text{(반응식 1)}$$

$$CO_2(g) + 4H_2(g) \rightarrow CH_4(g) + 2H_2O(l) \qquad \text{(반응식 2)}$$

하지만, Feng et al. (2014)은 이러한 기작을 통한 메탄 생성량 증가는 전체 메탄 생성량에 비해 매우 작은 양에 불과하다고 보고하였다. 해당 연구에서는 1g/L에서 20g/L까지의 ZVI를 첨가한 조건에서 20일 동안의 하수슬러지 혐기소화 테스트를 수행하여 메탄 생성 효율을 비교하였다. 20일의 운전 기간이 지나고 ZVI가 화학적으로 산화되면서 생성된 Fe(II)의 농도를 측정한 결과, 20g/L와 4g/L의 ZVI를 첨가한 반응기에서 각각 79.9mg/L와 43.1mg/L의 Fe(II)가 측정되었다. 이를 역산해보면 반응액 내에 존재하는 모든 Fe(II)가 반응식 1의 반응으로부터 생성된 것이라고 가정하더라도 각각 2.0mL와 1.1mL의 메탄만이 20g/L와 4g/L의 ZVI를 첨가한 반응기에서 해당 경로를 통하여 생성되었다는 것을 의미하며, 이는 전체 메탄 발생량과 비교하면 무시할 만한 수준으로 판단되었다(Feng et al., 2014).

특히, 이와 같이 ZVI 산화로부터 생성되는 수소의 영향을 고려할 때는 첨가하는 ZVI의 입자 크기와 농도가 중요한 인자가 된다. Yang et al. (2013)의 연구에서는 30mM의 mZVI(평균 크기 < 212μm)를 첨가했을 때, 표면적으

로 관찰된 수소 생성은 없었으나 메탄 생성은 증가했다고 보고하였다. 이는 ZVI 산화로부터 생성된 수소가 미생물에 의해 바로 소비되었기 때문이라고 추측된다. ZVI의 입자 크기가 메탄생성균에 의해 충분히 소비될 수 있을 정도의 적절한 수소 생성 속도를 유지할 만큼의 비표면적을 가지는 범위에 있을 경우, 적절한 수준의 기질 공급 효과에 의해 메탄생성균의 생장과 메탄 생성에 긍정적인 영향을 미친다는 것이다. 실제로 이보다 작은 입자 크기 (즉, 큰 비표면적)를 가지는 nZVI(평균 크기 55±11nm)를 같은 농도(30mM)로 투입한 경우 수소가 축적되는 현상이 명확하게 관찰되었으며, nZVI 투입 농도를 10mM로 낮춘 경우에도 마찬가지의 결과를 얻었다. 이는 큰 비표면적을 가지는 nZVI의 산화 속도가 mZVI에 비해 빠르기 때문에 수소 생성이 빠르게 일어나고, 메탄생성균의 수소 소비 속도가 이를 따라가지 못하여 유발되는 불균형의 결과로 수소가 축적되기 때문으로 여겨진다. 앞서 언급한 바와 같이, 혐기 소화조 내부에 수소가 축적되는 현상은 직접적인 메탄 생성 효율에 저하를 가져올 뿐만 아니라, 산 생성단계에서도 메탄 생성 반응에 부정적인 발효 경로를 유발하는 것으로 알려져 있다(Wang et al., 2006).

(iii) 반응식 1에서 보여지는 바와 같이, ZVI는 산성 물질에 대한 완충 작용 또한 가능하며 이는 메탄생성균 생장에 우호적인 환경을 제공한다. 혐기소화 과정에서 다양한 휘발성 유기산들이 중간 생성물로 생성된다. 하지만 유기산을 생성하는 산생성균과 이를 소비하는 메탄생성균의 생장 및 대사 특성 차이가 매우 크기 때문에 동시에 두 미생물에게 최적의 생장 환경을 제공하는 것은 불가능하다(Wang et al., 2009). 혐기소화 공정에서 휘발성 유기산이 축적되고 pH가 급격히 떨어지는 산화(souring) 현상은 고질적인 문

제이며, 산성 환경과 휘발성 유기산(특히 프로피온산) 자체가 메탄생성균의 생장을 저해하는 효과가 있기 때문에 공정 불균형(imbalance)에 의한 유기산 축적은 메탄 생성 효율에 매우 부정적인 영향을 미친다. ZVI 첨가는 반응식 1에서 보는 바와 같이 과량으로 생성되는 산 생성물을 효과적으로 완충할 수 있으며, 이는 메탄생성균 생장에 유리한 중성 환경(pH 6.8-7.2)을 유지하는 데 도움을 줄 수 있다.

수소 생성과 마찬가지로 pH 완충 효과에 있어서도 ZVI의 입자 크기가 매우 중요한 인자가 된다. Yang et al. (2013)에서 보고된 바와 같이, 같은 조건에서 실험했음에도 불구하고, 비교적 큰 크기의 mZVI는 메탄 생성 촉진에 긍정적인 효과를 가져왔지만 nZVI의 경우에는 오히려 메탄 생성을 저해하였다. nZVI는 작은 크기 때문에 비교적 큰 비표면적을 가지며, 이로 인해 유발되는 강한 환원력이 세포 구조에 손상을 입힐 수 있다고 보고된 바 있다(Chen et al., 2011). nZVI가 유발할 수 있는 이와 같은 독성 효과 및 혐기소화에 미치는 영향에 대해서는 4.2 단원에서 자세히 다루고 있다.

입자 크기 외에 ZVI 투입의 효과를 좌우하는 또 하나의 중요한 요인은 첨가 농도이다. ZVI는 강력한 환원제이기 때문에(E_h = -440mV) 많은 양의 ZVI를 투입할 경우 심각한 수소 축적을 불러일으킬 수 있으며, 이는 궁극적으로 메탄 생성을 저해하게 된다. 표 3-1에 다양한 조건에서 실험된 ZVI 첨가 효과가 정리되어 있다.

표 3-1. ZVI 첨가에 의한 메탄 생성 효율 향상을 보고한 연구 사례

농도	입자 크기	기질	공정 운중관전 방식	관찰 결과	참고 문헌
1, 4, 20 g/L	0.2 mm	하수슬러지	회분식 혐기슬러지	- 메탄 생성 속도 증가(43.5%)	(Feng et al., 2014)
30 mM	<212 μm	포도당	회분식 혐기슬러지	- 메탄 생성 속도 증가 - ZVI의 용해에 의해 느린 속도로 생성된 수소에 의한 메탄 생성 촉진	(Yang et al., 2013)
ZVI bed	φ120 mm × 200 mm[a]	자당	UASB[b] 혐기슬러지	- 산생성균에 의해 생성된 산에 대한 완충 작용	(Liu et al., 2011)

| 1, 4, 20 g/L | 0.2 mm | 하수슬러지 UASB | 혐기슬러지 | - ZVI의 첨가로 인해 주변을 더 강한 환원력을 가진 조건으로 만들어주고, butyric-type과 acetic-type 발효 경로를 촉진 | (Zhang et al., 2015) |
| 1, 4, 10 g/L | 0.2 mm (scrap: 8 × 4 × 0.5 mm) (iron powder, clean scrap, rusty scrap) | 하수슬러지 회분식 | 혐기슬러지 | - 깨끗하거나 녹슨 고철을 첨가한 반응기에서 모두 메탄 생성이 성공적으로 촉진됨을 확인 | (Liu et al., 2015b) |

[a] ZVI bed의 크기
[b] Upflow anaerobic sludge blanket reactor

3.2. 종간직접전자전달의 촉진

메탄 생성이 일어나는 환경에서는 유기산을 분해하는 박테리아와 수소이용성 메탄생성균 사이의 종간 전자 전달(interspecies electron transfer; IET)이 안정적이고 효율적인 유기물 분해를 위해 필수적인 요소라고 알려져 있다. 공생 관계에 있는 미생물들 사이의 IET는 간접 전자 전달 매개체인 수소나 포름산을 통해서 일어난다고 알려져 있으며, 이를 통해 수소이용성 메탄생성균이 전자를 얻어 이산화탄소를 메탄으로 환원시킬 수 있다(Thiele & Zeikus, 1988). 하지만, 이러한 공생 관계의 균형이 깨지게 되면 중간 생성물의 빠른 축적(수소 분압의 증가 또는 포름산 농도의 증가)이 일어나며, 결과적으로 메탄 생성 효율이 급격히 저하하는 현상이 발생한다. 프로피온산이나 부틸산과 같은 몇몇 혐기소화 중간 생성물들의 혐기성 분해는 열역학적으로 불리한 반응으로 알려져 있다. 이와 같은 산 생성물의 분해는 소화조 내부의 수소 분압이 10^{-3}atm보다 낮게 유지되어야 가능하다(Schmidt & Ahring, 1993). 한편, 최근 발견되어 많은 주목을 받고 있는 종간직접전자전달 과정은 기존에 알려졌던 전자전달 매개체를 통한 IET보다 효율적인 전자 전달 방법으로 여겨지고 있다. DIET 과정에서는 전자방출균으로부터 생성된 전자가 중간 매개체 없이 전자이용성 메탄생성균에게 직접 전달된다. 따라서 전자전달 매개체의 생성, 소비, 확산에 필요한 중간 단계들이 모두 생략되기 때문에 에너지 효율 측면에서 IET보다 유리하다. 현재까지 알려진 DIET는 크게 biological DIET(bDIET)와 mineral DIET(mDIET)의 두 가지 종류로 구분된다. bDIET에서는 세포막에 존재하는 시토크롬과 같이 산화환원 활성을 띠는 단백질이나 미생물 나노와이어(nanowire)로 불리는 전기전도성 선모(pili)와 같은 생물학적 구조를 통하여 전자가 전달된다(Gorby et al., 2006; Rotaru et al., 2014a). 한편, 최근 연구들에 의해 마그네타이트, 바이오 숯(biochar), 탄소 섬유, 활성탄 등 전도성 물질이 전자가 이동하는 전기적 도관으로 기능하여 DIET를 매개할 수 있다는 것이 밝혀졌다. 이러한 DIET 기작을 mDIET라고 하며, bDIET와 다르게 전자 전달을 위한 전기적 연결이 전도성 물질에 의해 이루어지기 때문에 전기적 연결을 위한 생물학적 도구를 필요로 하지 않는다(Baek et al., 2016; Chen et al., 2014; Liu et al., 2012a)(그림 3-1). 실제로 몇몇 연구들에서 전도성 및 반전도성 철 산화물을 첨가하여 mDIET 촉진을 통해 메탄 생성 효율 증대를 관찰한 사례가 있다.

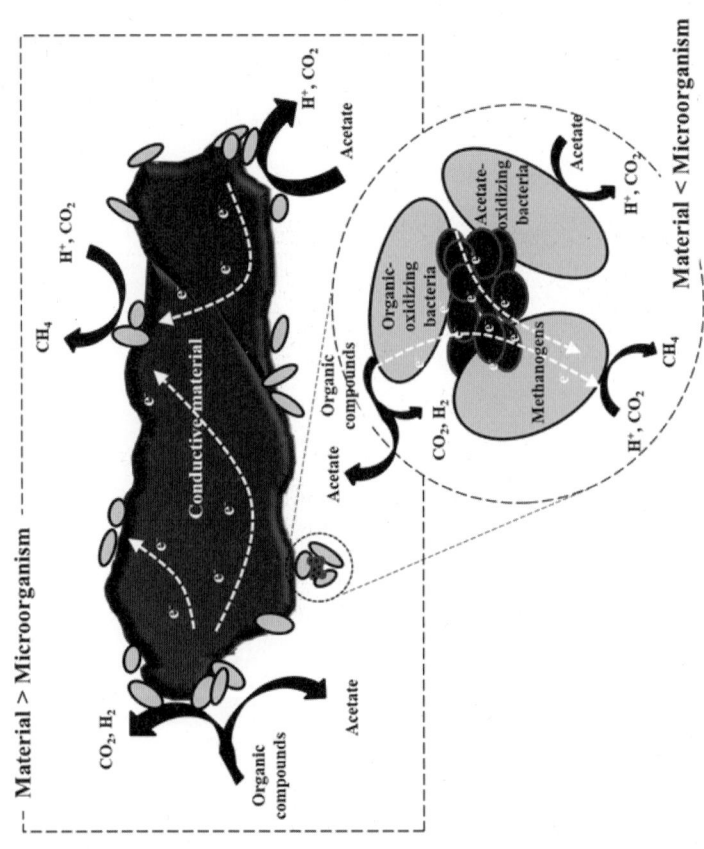

그림 3-1. 전도성 물질의 첨가가 DIET를 촉진하는 과정을 보여주는 모식도

전도성 철 산화물인 마그네타이트(Fe_3O_4)와 반전도성 철 산화물인 헤마타이트(Fe_2O_3)는 DIET 촉진을 위해 사용되는 대표적인 물질들이다. 전도성 및 반전도성 철 화합물들이 DIET를 촉진하고 메탄 생성 효율을 증대시킨 사례들이 표 3-2에 정리되어 있다. 특히, 회분식 혐기소화 공정에 마그네타이트를 첨가하여 반응 속도 향상과 유도기(lag phase) 감소에 긍정적인 효과가 있음을 관찰한 사례들이 다수 존재한다(Baek et al., 2015; Cruz Viggi et al., 2014; Jing et al., 2017; Kato et al., 2012; Li et al., 2015; Yamada et al., 2015; Zhuang et al., 2015). 각 연구마다 마그네타이트의 투입 농도와 입자 크기는 다르지만, 여러가지 물리화학적 증거들과 전기적 활성을 띠는 미생물들이 증가한 군집 분석 결과를 바탕으로 DIET촉진을 통해서 메탄 생성 효율이 증가하였음이 제안되었다. Kato et al. (2012)은 논 토양 미생물 군집을 이용하여 아세트산과 에탄올을 혐기소화 하였을 때, 20mM Fe의 마그네타이트와 헤마타이트를 첨가한 경우 메탄 생성 속도가 현저하게 증가하는 것을 관찰하였다. 배양액 내에서 검출된 Fe(II)의 농도가 2mM 이하로 매우 낮았기 때문에, 철 산화물로부터 용해된 철 이온들이 전자 이동 매개체나 영양분으로 활용되었을 가능성은 배제되었다. 비전도성 철 산화물인 페리하이드라이트를 첨가한 경우 오히려 메탄 생성이 저해되었으며, 이는 4.1 단원에서 소개되는 메탄생성균과 철환원균 사이의 기질 경쟁 관계의 영향으로 여겨진다.

유가공폐수를 처리하는 회분식 및 연속식 혐기소화 공정에서도 마그네타이트 투입을 통해 성공적으로 메탄 생성 효율을 향상시킨 연구들이 보고된 바 있다(Baek et al., 2015; Baek et al., 2016). Li et al. (2015)의 연구에서도 마찬가지로, 부틸산을 기질로 사용했을 때 마그네타이트 투입을 통해 메탄 생성을 촉진할 수 있음이 증명되었다. 이 연구에서는 실리카(silica)로 코팅하여 전도성을 띠지 않도록 처리한 마그네타이트를 사용한 대조실험을 진행하였는데, 여기서는 메탄 생성 효율 향상 효과가 관찰되지 않았다. 이는 마그네타이트의 전도성이 메탄 생성 촉진을 위한 주요 인자라는 것을 의미한다. 몇몇 연구들에서는 전도성 물질인 마그네타이트뿐만 아니라, 반전도성 물질인 헤마타이트와 고에타이트도 메탄 생성을 촉진시킬 수 있다는 사실이 보고되었다(Baek et al., 2015; Kato et al., 2012; Zhuang et al., 2015). 위에서 언급한 Kato et al. (2012)의 연구에서는, 마그네타이트와 헤마타이트를 첨가한 실험군들에서 유사한 메탄 생성 유도기 단축 효과가 관찰되었다. 반면, Baek et al. (2015)과 Zhuang et al. (2015)의 연구에서는, 전도성의 정도에 따라 유도기 단축 효과가 다르게 나타났다. 즉, 헤마타이트 또는 고에타이트를 첨가한 실험군 모두 철 산화물을 첨가하지 않은 대조군에 비해 짧은 유도기를 보였지만, 마그네타이트를 첨가한 실험군보다는 유도기가 길었다. 여기서 언급한 연구들에서 사용된 철 산화물의 농도(20-25mM Fe)가 비슷하다는 점을 고려할 때, 이러한 관찰 결과의 차이는 첨가한 전도성 물질의 농도보다는 서로 다른 기질과 종균의 영향으로 여겨진다(표 3-1).

현재까지 철 산화물을 이용하여 DIET 촉진을 시도한 연구들은 대부분 회분식 배양 조건에서 진행되었고, 소수의 연구들이 연속식 공정에서 DIET 촉진에 의한 메탄 생성 효율 향상을 보고하였다(Baek et al., 2017; Baek et al., 2016; Yin et al., 2017). 하지만, 실규모 연속식 공정에 이 기술을 적용하려면 공정 내 전도성 물질의 농도를 유지하기 위해서 일정량의 전도성 물질을 지속적으로 투입해야 한다는 단점이 있다. 그뿐만 아니라 소화조로부터 배출되는 유출수에 다량의 철 화합물이 함유되어 이차적인 토양 및 수질 오염 유발 가능성이 있다는 점도 고려할 필요가 있다. 이러한 문제점들은 DIET 기반 혐기소화 효율 향상 기술의 실용화에 있어서 큰 걸림돌로 작용한다. 이를 해결하기 위한 노력의 일환으로 그림 3-2와 같이 자력을 이용하여 첨가한 마그네타이트를 회수하고 이를 소화조 내부로 다시 투입하여 재이용하는 연구가 최근 진행된 바 있다(Baek et al., 2017). 이 연구에서 250일이 넘는 오랜 운전 기간에도 불구하고 DIET에 의해 향상된 메탄 생성 효율이 유지되었으며, 첨가한 마그네타이트도 심각한 유실이나 화학적 형태 변화 없이 안정적으로 유지되는 것으로 관찰되었다.

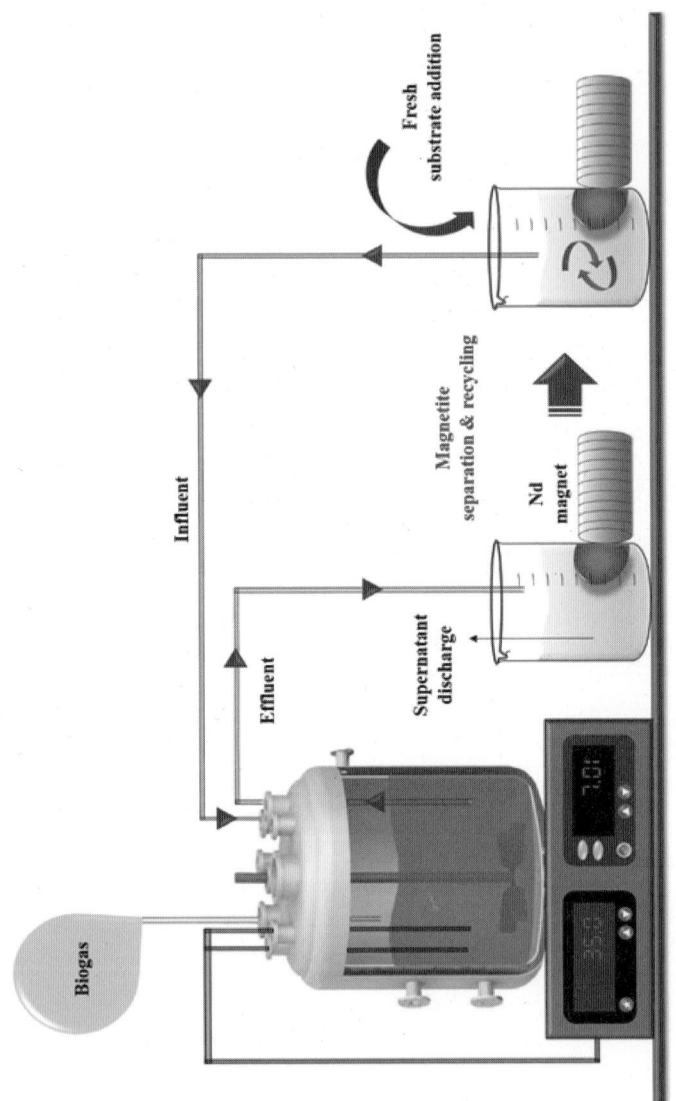

그림 3-2. 마그네타이트 회수 및 재이용을 위한 반응기 운전 모식도

표 3-2. 철 화합물에 의한 종간직접전자전달 촉진 및 메탄 생성 효율 향상을 보고한 연구 사례

철 화합물	농도	입자 크기	기질	공정 운전 방식	종균	관찰 결과	참고 문헌
Magnetite	20 mM Fe	10-50 nm	아세트산, 에탄올		혐분식 논 토양	- 유도기의 길이가 짧아지고 메탄 생성 속도가 증가 - Geobacter 종의 생장 촉진	(Kato et al., 2012)
Hematite	20 mM Fe	10-50 nm	아세트산, 에탄올		혐분식 논 토양		
Magnetite	0.064, 0.64, 6.4 mM Fe	33, 400 nm	부틸산		혐분식 논 토양	- 유도기의 길이가 짧아지고 메탄 생성 속도가 증가 - 입자가 작을수록 촉진 효과 증가 - 마그네타이트를 실리카 물질로 코팅하면 촉진 효과 사라짐	(Li et al., 2015)

물질	농도	크기	기질	효과	참고문헌
Magnetite	0.35 g Fe/L	100–150 nm	프로피온산 회분식 혐기슬러지	- 33%의 메탄 생성 속도 증가 - 프로피온산 분해 미생물과 이산화탄소 환원 메탄생성균 사이의 DIET 과정 촉진	(Cruz Viggi et al., 2014)
Magnetite	5, 10 mM	–	아세트산, 회분식 혐기슬러지 프로피온산	- 고온 혐기소화 공정에서 메탄 생성 촉진 - 전기적 공생 관계 촉진 확인	(Yamada et al., 2015)
Magnetite	20 mM Fe	100–700 nm	유가공폐수 회분식 혐기슬러지	- 유도기의 길이가 짧아지고 메탄 생성 속도가 증가	(Baek et al., 2015)
Goethite	20 mM Fe	–	유가공폐수 회분식 혐기슬러지	- Methanosaeta 와 Trichococcus 사이의 전기적 공생 관계	(Baek et al., 2015)
Magnetite	20 mM Fe	100–700 nm	유가공폐수 연속식 혐기슬러지	- 메탄 생성 효율 증가 - 무너진 공정 회복 및 안정성 유지에 효과적임	(Baek et al., 2016)

Magnetite	20 mM Fe	100–700 nm 유가공폐수 연속식 혐기슬러지	- 자력을 이용한 마그네타이트의 회수 및 재이용 가능성 검증	(Baek et al., 2017)
Magnetite	10, 20, 1000 mg/L	—	프로피온산 회분식 혐기슬러지	- 44%의 메탄 생성 속도 증가 - Cytochrome c oxidase의 up-regulation 확인	(Jing et al., 2017)
Magnetite	10 g/L	—	혼합 유기 탄소원 ASBR[a] 혐기슬러지	- 13.9%의 유도기 감소 효과 및 15.4%의 메탄 생성 속도 증가	(Yin et al., 2017)
Magnetite	25 mM Fe	—	벤조에이트 회분식 논 토양	- 유도기의 길이가 짧아지고 메탄 생성 속도가 증가 - 53%의 메탄 생성 증가 효과 관찰	(Zhuang et al., 2015)
Hematite	25 mM Fe	—	벤조에이트 회분식 논 토양	- 유도기의 길이가 짧아지고 메탄 생성 속도가 증가 - 25%의 메탄 생성 증가 효과 관찰	(Zhuang et al., 2015)

[a] Anaerobic sequencing batch reactor

3.3. 침출된 철 이온의 영양분 활용

미량원소(trace element)는 매우 적은 양이 필요하나 미생물의 생장, 발달, 생리에 있어서 필수적인 영양 성분을 의미한다. 미량원소가 결핍되면 혐기소화에 관여하는 미생물들이 활성을 잃게 되며, 결국 소화조의 안정성이 무너지게 된다(Demirel & Scherer, 2011). 메탄생성균은 철, 니켈, 코발트, 셀레늄, 텅스텐, 몰리브덴 등 다양한 미량원소를 필요로 한다(Scherer et al., 1983; Wei et al., 2018). 이 가운데 철은 시토크롬과 같이 메탄생성균의 에너지 대사에 관여하는 주요 효소와 단백질의 구성에 반드시 필요한 특히 중요한 성분으로 알려져 있다(그림 3-3).

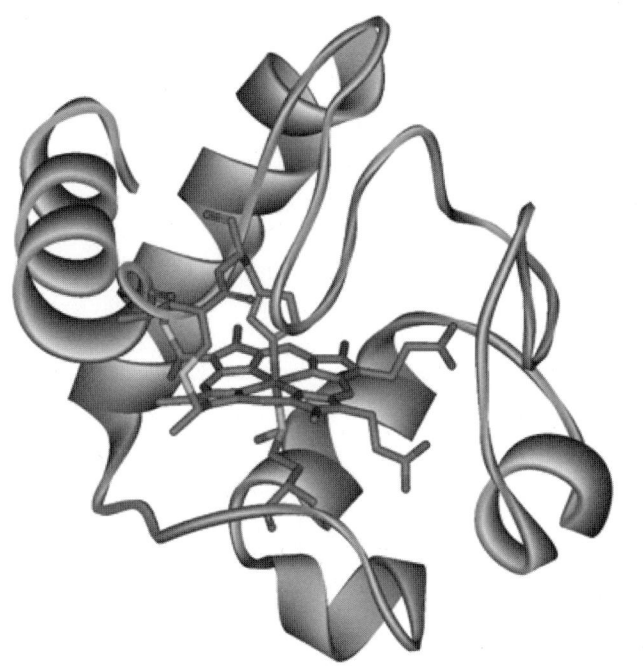

그림 3-3. 시토크롬 c의 구조
(출처: Wikimedia Commons)

Takashima et al. (1990)의 연구에 따르면 메탄생성균의 활성에 필요한 최적 철 농도는 0.28-50.4mg/L 범위이다. Wei et al. (2018)는 다양한 메탄생성균 종(species)에 대해 생장에 필요한 철 농도를 조사하였고, 그 결과에 따르면 *Methanosarcina barkeri*, *Methanothrix soehngenii*, *Methanococcus ofnielli*는 각각 35, 10, 5μM의 철을 필요로 하는 것으로 보고되었다. 철에 대한 반응 농도(response concentration)와 자극 부위는 메탄생성균에 따라 다르지만, 철이 메탄 생성 효율 및 안정성 유지에 가장 중요하고 필수적인 성분이라는 것은 많은 연구들에서 제시되고 있다(Qiang et al., 2012; Zhang & Jahng, 2012).

표 3-3에 혐기소화 공정에 작용하는 효소들 가운데 철이 포함된 효소의 종류와 그 기능을 정리하였다. 산 생성 단계부터 메탄 생성 단계까지 작용하는 효소들 가운데 다수의 효소들이 철이 포함된 클러스터(cluster) 또는 활성 부위(active site)를 가지며, 이는 철이 메탄 생성 효율에 직접적인 영향을 미친다는 것을 의미한다(Wei et al., 2018). 표 3-3에 제시된 효소들은 공통적으로 철-황([Fe-S]) 클러스터를 가지고 있으며, 이 클러스터는 매우 다양한 구조와 기능을 가진 효소들에서 관찰되는 보조인자(cofactor)이다(Beinert, 2000). 특히, 철-황 클러스터는 매우 넓은 범위의 산화환원 전위를 가지기 때문에(-500~500mV) 다양한 환경에서 전자 전달 및 산화환원 반응에 작용할 수 있다고 알려져 있다. 철-황 클러스터의 이러한 특성은 미생물들이 매우 단순한 화합물을 이용하여 여러 가지 복잡한 대사 작용들을 효과적으로 촉진할 수 있도록 한다(Fontecave, 2006).

실제로 ZVI를 첨가하였을 때 철을 포함하는 효소들의 활성이 촉진되고 메탄 생성 효율이 향상되는 것이 보고된 바 있다(표 3-4). Meng et al.

(2013)은 3개의 [4Fe-4S] 클러스터를 가지는 효소인 pyruvate-ferredoxin oxidoreductase(POR)의 활성이 첨가한 Fe(II)의 농도에 상응하여 증가함을 제시하였다. 이 연구에서 ZVI를 첨가한 실험군에서 가수분해와 산 생성 단계에 작용하는 주요 효소들의 활성 증가가 관찰되었다. 이는 아래와 같은 두 가지 효과의 복합적인 영향으로 보인다. 3.2 단원에서 소개한 것처럼 혐기성 환경에서 ZVI가 산화되면서 Fe(II)가 발생하는데(반응식 1), 이는 미생물이 이용할 수 있는 철의 농도를 상승시킴으로써 철을 포함하는 효소의 합성을 용이하게 한다(Yang et al., 2013). 역시 3.2 단원에서 언급한 바와 같이, ZVI는 강한 환원력 때문에 혐기소화조 내부의 산화환원 전위를 낮추는 효과를 가지고 있다. 이는 [Fe-S] 클러스터가 낮은 산화환원 전위에서 활성을 띤다는 것을 고려할 때, ZVI 첨가가 POR 효소 활성에 유리한 환경을 조성할 수 있음을 의미한다. Liu et al. (2012b)는 자당(sucrose)이 함유된 합성폐수를 처리하는 혐기소화 실험에서 이와 유사한 결과를 보고하였다. ZVI를 첨가한 실험군에서 첨가하지 않은 대조군에 비해 17배나 높은 POR 활성이 관찰되었으며, ZVI의 산화로 증가한 Fe(II) 농도가 가장 큰 원인으로 제시되었다.

산 생성 단계뿐 아니라 메탄 생성 단계에서도 철을 포함하는 다양한 효소들이 주요 대사과정에 작용한다. Formylmethanofuran dehydrogenase(Fmd), F_{420}-reducing hydrogenase, coenzyme M methyltransferase(CoM Mtr), acetyl-coenzyme A synthetase(ACS), carbon monoxide dehydrogenase(CODH) 등의 효소들은 모두 복수의 [4Fe-4S] 클러스터를 포함하고 있으며, 수소이용성 또는 아세트산이용성 메탄 생성 경로에 작용한다(표 3-3). 하지만, 산 생성 단계에 작용하는 효소들과는 다르게 메탄 생성 단계에 작용하는 효소들의 활성이 철 첨가에 의해 촉진되는 것을 직접 관찰한 사례는 아직 보고된 바가 없기 때문에 이에 대한 추가적인 연구가 필요하다.

 침출된 Fe(II)은 영양분으로 이용되는 것 외에도 다른 효과를 통해서 메탄생성 반응에 긍정적인 영향을 미칠 수 있다. 이 가운데 하나는 혐기성 미생물 과립(granule)의 형성을 촉진하는 것이다. 안정적인 미생물 과립 형성과 성장은 성공적인 상향류 혐기성 슬러지상(upflow anaerobic sludge blanket; UASB) 반응기 운전을 위해 매우 중요한 요소이다(Pol et al., 2004). 효과적인 미생물 과립 형성은 처리 속도를 향상시키기 때문에, 결과적으로 수리학적 체류시간(hydraulic retention time; HRT)을 단축시켜 경제적인 운전이 가능하게 한다. 혐기성 미생물 과립의 형성을 촉진하는 대표적인 방법 가운데 하나로 Ca(II), Mg(II), Fe(II)와 같은 2가 양이온을 첨가하는 것을 들 수 있다. 2가 양이온은 세포 외 고분자 물질(extracellular polymeric substances; EPS)의 주요 구성 성분으로 다양한 미생물들과 세포 외 물질들이 서로 엉겨 붙어 집합체를 형성하는 것을 용이하게 한다(Yu et al., 2000). EPS는 주로 음전하를 띠는 다당류와 단백질로 이루어져 있는데, 2가 양이온이 이러한 고분자들 사이의 간극을 메우고 연결하는 다리 역할을 수행하여 안정한 집합체 구조가 형성되도록 한다. 또한, 미생물 세포의 표면 전하를 중화시킴으로써 미생물들이 집합체를 형성하기 쉽게 하는 효과도 가지고 있다(Zhang et al., 2011).

 Fe(II) 첨가로 인해 UASB 미생물 과립의 형성이 촉진된 사례들이 표 3-4에 소개되어 있다. Liu et al. (2011)의 연구에서는 UASB 반응기 내부에 설치한 ZVI 층으로부터 침출된 Fe(II)로 인해 슬러지의 철 함량이 증가하고, 이는 결국 미생물 과립 형성에 도움을 주었다. Fe(II)와 결합하여 형성된 EPS

의 안정적인 3차원 구조가 미생물 과립 형성을 촉진한 주요 원인으로 제시되었다. Zhang et al. (2011)의 연구에서도 이와 유사하게 ZVI가 존재하는 환경(34.5-50.1mg EPS/g 부유고형물)에서 대조군(25.6-26.3mg EPS/g 부유고형물)에 비해 현저히 많은 양의 EPS가 분비된 것이 관찰되었다.

   철 화합물에서 유래한 Fe(II)가 유발할 수 있는 또 다른 효과는 바이오가스 내의 황화수소(H_2S) 함량 저감이다. 이는 메탄 생성을 직접 촉진하는 현상은 아니지만, 소화조 내에 황화물(sulfide)이 축적되는 것을 방지함으로써 간접적으로 메탄 생성 효율을 향상시키는 효과가 있다(Choi et al., 2018). 염화제1철($FeCl_2$) 또는 염화제2철($FeCl_3$)과 같은 철염을 첨가하는 것은 황화수소 제거에 가장 널리 사용되는 방법으로, 아래의 반응에 의해 황화철 형태로 침전되어 제거된다(Ge et al., 2012):

$Fe^{2+} + S^{2-} \rightarrow FeS(s) \downarrow$ (반응식 3)

$2Fe^{3+} + 3S^{2-} \rightarrow 2FeS(s) \downarrow$ (반응식 4)

   위의 반응을 통해 황화수소 생성을 막을 수 있기 때문에 메탄 생성 효율 향상을 기대할 수 있다. 이온화되지 않은 용존 황화수소는 세포막 내부로 빠르게 침투하여 미생물의 대사 작용을 방해할 수 있다. 특히 메탄생성균은 황화수소 독성에 가장 취약한 미생물 그룹 가운데 하나이기 때문에, 기질의 황 함량이 높은 경우 황화수소를 효과적으로 제어하는 것이 메탄 생성 효율을 향상시키는 데 매우 중요하다.

표 3-3. 혐기소화 과정에 작용하는 철을 포함하는 효소들

효소 이름	철을 포함한 느 클러스터	철을 포함하는 활성 부위	기능	작용 대사 경로
Pyruvate-ferredoxin oxidoreductase (POR)	[4Fe-4S]	–	Interconversion of pyruvate and acetyl-CoA	산 생성
Ferredoxin	[2Fe-2S], [4Fe-4S]	–	Electron transfer in larger enzymes	수소이용성 메탄 생성
Formylmethanofuran dehydrogenase (Fmd)	[4Fe-4S]	–	Reduce CO_2 and methanofuran	수소이용성 메탄 생성
F_{420}-reducing hydrogenase (Frh)	[4Fe-4S]	Ni-Fe	Reduce coenzyme F_{420}	수소이용성 메탄 생성
Coenzyme M methyltransferase (CoM Mtr)	[4Fe-4S]	–	Transfer the methyl group	수소이용성 메탄 생성

Acetyl-coenzyme A synthetase (ACS)	[4Fe–4S]	Ni–Ni–[4Fe–4S]	Form acetyl-CoA from Hac and CoA	아세트산 이용성 메탄 생성
Carbon monoxide dehydrogenase (CODH)	[4Fe–4S]	Ni–Ni–[4Fe–4S]	Cleave the methyl group from acetyl-CoA	아세트산 이용성 메탄 생성

표 3-4. 첨출된 철 이온에 의한 메탄 생성 효율 향상을 보고한 연구 사례

철 화합물	농도	입자 크기	기질	운전 모드	종균	관찰 결과	참고 문헌
ZVI	ZVI bed	⌀120 mm × 200 mm [a]	자당	UASB	혐기슬러지	- Fe(II)의 침출에 의해 슬러지 내의 철 농도가 증가하고 granule 생성을 위한 EPS 농가 증가함	(Liu et al., 2011)
ZVI	5 g/L	0.2 mm	프로피온산	UASB	혐기슬러지	- 가수분해 및 산 생성 단체와 관련된 효소들의 활성이 2-34배 증가	(Meng et al., 2013)
ZVI	6.67 g/L	0.2 mm	자당	UASB	혐기슬러지	- POR 활성이 17배 증가 - Fe(II) 침출이 POR의 활성 유지에 도움을 줌	(Liu et al., 2012b)

첨가제	용량/크기	기질	반응조	접종원	효과	참고문헌
ZVI	ZVI bed φ110 mm × 300 mm [a]	자당	UASB	혐기슬러지	- Granule의 평균 크기가 247μm에서 814μm로 빠르게 증가 - Fe(II) 용출 증가에 의한 ORP 감소	(Zhang et al., 2011)
$FeCl_3$	50–250 mg $FeCl_3$/L	인분, 하수슬러지, 음폐수	연속식	혐기슬러지	- $FeCl_3$ 첨가에 의해 황화수소 농도 감소 - $FeCl_3$ 첨가에 의해 황화수소에 취약하다고 알려져 있는 Methanosaeta의 농도 증가	(Choi et al., 2018)
$FeCl_3$	100 mg Fe/L	음식물 쓰레기	연속식	혐기슬러지	- 유기물 부하량 2.0 g VS/L·d 이상의 조건에서는 미량 원소의 첨가가 필수적임을 확인 - 금속 효소의 합성에 도움을 줌으로써 혐기소화 과정 촉진	(Jo et al., 2018)

[a] ZVI bed의 크기

4. 철 화합물에 의한 메탄 생성 저해

4.1. 철환원균과 메탄생성균의 경쟁 관계

미생물에 의한 철 환원은 논 토양에서 유기물이 분해되는 과정에 관여하는 반응들 가운데 메탄 생성 반응 다음으로 중요한 역할을 담당하는 혐기성 반응이다(Jäckel & Schnell, 2000a). 무산소 환경에서 Fe(III)이나 Mn(IV)과 같은 금속이 환원되는 현상은 다양한 수중 및 수몰 환경에서 유기물이 산화되는 데 큰 영향을 미친다. 이화 철환원균(dissimilatory iron-reducing bacteria)은 수소나 유기물을 산화하면서 Fe(III)를 환원한다. 이 때, Fe(III)는 혐기성 호흡(anaerobic respiration)을 위한 외부 전자 수용체로 이용되어 Fe(II)로 환원된다. *Geobacter*와 *Shewanella*는 혐기성 환경에서 Fe(III) 환원을 통해 생장에 필요한 에너지를 얻을 수 있는 미생물로 단일 및 혼합 배양 조건 모두에서 가장 많이 연구된 철환원균이다(Fredrickson et al., 1998). 철환원균은 무산소 조건에서 아세트산, 부틸산, 프로피온산, 에탄올, 메탄올 등 다양한 유기물을 전자 공여체(electron donor)로 사용할 수 있다. 유기물뿐 아니라, 반응식 5, 6, 7에 나타낸 바와 같이 황, 수소는 물론 여러 가지 방향족 물질까지 Fe(III)를 전자 수용체로 이용하여 산화시킬 수 있다 (Lovley, 1991).

$S^0 + 6Fe^{3+} + 4H_2O(l) \rightarrow HSO_4^- + 6Fe^{2+} + 7H^+$ (반응식 5)

$H_2(g) + 2Fe^{3+} \rightarrow 2H^+ + 2Fe^{2+}$ (반응식 6)

$Benzoate^- + 30Fe^{3+} + 19H_2O(l) \rightarrow 7HCO_3^- + 30Fe^{2+} + 36H^+$ (반응식 7)

혐기성 환경에서 철 환원 반응은 메탄 생성 반응이나 황 환원 반응과 같은 다른 최종 전자 수용 반응들과 경쟁 관계에 놓이게 된다(그림 4-1). 철 환원 반응이 다른 두 반응보다 열역학적으로 유리하기 때문에 전자 수용체로 사용되는 Fe(III)가 충분히 존재하는 환경에서는 다른 반응과의 경쟁에서 우세하다. 실제로 공통 기질인 아세트산이나 수소를 첨가했을 때 철 환원 반응이 경쟁에서 우위를 점하는 결과가 여러 연구에서 관찰되었다(Roden & Wetzel, 2003). Frenzel et al. (1999)는 논 토양에서 Fe(III)의 존재 여부에 따라 메탄 생성 반응의 유도기와 속도가 크게 영향을 받았으며, Fe(III)가 존재하는 경우 전자 흐름이 메탄 생성 반응에서 철 환원 반응으로 이동하였다고 보고하였다. 자연계뿐 아니라 혐기소화 공정에서도 Fe(III) 산화물 첨가에 의해 메탄 생성 반응이 저해되는 현상이 여러 연구에서 관찰되었다(Kato et al., 2012; Lueders & Friedrich, 2002; Qu et al., 2004; Zhou et al., 2014). 일반적으로 더 높은 환원 전위를 가지는 최종 전자 수용체를 이용하는 혐기성 미생물들이 같은 기질에 대해 더 낮은 한계 농도(threshold concentration)를 가진다(Frenzel et al., 1999). 이러한 특성은 철 환원균이 높은 기질 친화도를 바탕으로 기질 농도를 황환원균이나 메탄생성균이 이용하기 어려운 낮은 수준으로 유지하여 경쟁 우위를 유지할 수 있음을 보여준다(Lovley, 1991).

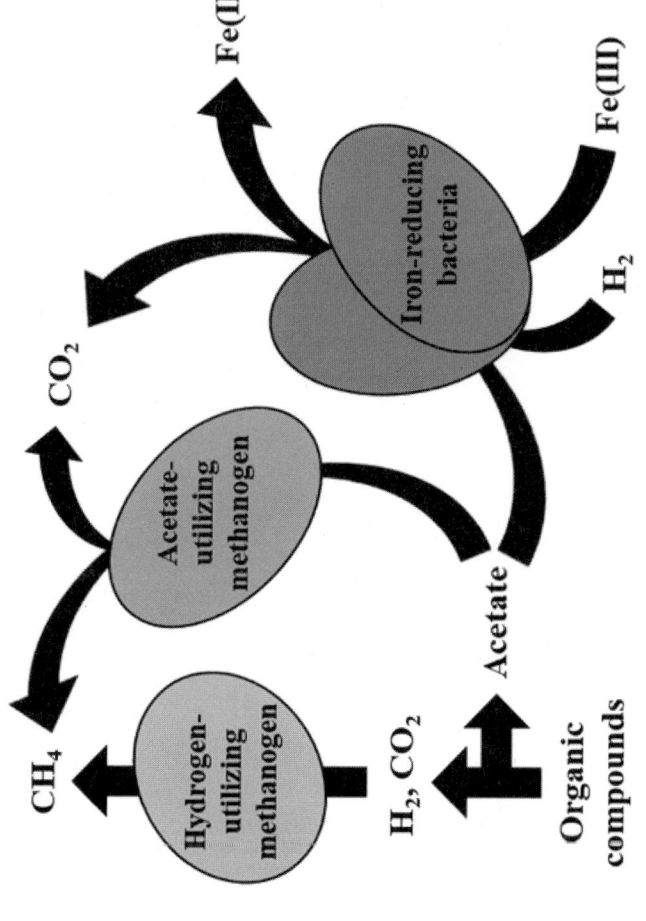

그림 4-1. 철환원균과 메탄생성균의 기질 경쟁 관계

Fe(III) 산화물의 물리화학적 특성은 메탄 생성 반응에 대한 영향의 방향과 정도를 결정하는 데 매우 중요한 영향을 미친다. 기존 연구들에 따르면, 첨가한 철 산화물의 종류와 퇴적물에 따라 메탄 생성 반응이 50%에서 100%까지 저해될 수 있다고 한다(Lovley, 1991). 다양한 철 화합물들이 서로 다른 형태로 자연계 또는 공정 시스템 내에 존재하며, 많은 물리화학적 특성들이 철 환원 반응은 물론 이와 짝을 이루는 산화 반응에도 크게 영향을 줄 수 있다. 이 가운데 용해도와 결정화도가 철 산화물의 생물학적 이용가능성을 결정짓는 가장 중요한 두 가지 요소이다. Fe(III) 산화물들은 중성 pH 조건에서 매우 낮은 용해도를 가지기 때문에 대부분 고체로 존재하며, 해리(dissociation) 속도가 생물학적 이용가능성을 좌우한다. 결정화도가 낮은 물질이 더 쉽게 해리되기 때문에 비결정성 또는 결정화도가 낮은 Fe(III) 산화물이 결정화도가 높은 산화물보다 더 큰 메탄 생성 저해 효과를 가질 수 있다(Schwertmann et al., 1977).

Fe(III) 산화물 첨가로 인한 메탄 생성 저해를 관찰한 사례들을 표 4-1에 제시하였다. 이러한 저해 효과는 대부분 논 토양 환경이나 토양 시료를 접종한 실험에서 관찰되었다. 논 토양 환경에서는 유기물 분해로부터 생성되는 전자의 대부분이 메탄 생성 반응 또는 철 환원 반응을 최종 수용 단계로 소비되기 때문에, 논 토양 미생물 군집은 메탄생성균과 철환원균 사이의 경쟁 관계를 연구하기에 매우 적합한 종균이다(Zhou et al., 2014). 논 토양에서 발견되는 철환원균은 계통분류학적으로 매우 다양하며, *Geobacter*와 *Firmicutes*와 같이 잘 알려진 철환원균들이 다량으로 존재한다(Li et al., 2011). 표 4-1에 제시된 대부분의 연구들은 결정화도가 낮은 페리하이드라이트를 첨가한 후에 메탄 생성이 저해되는 것을 관찰하였다(Jäckel & Schnell,

2000b; Kato et al., 2012; Lueders & Friedrich, 2002; Qu et al., 2004; Zhou et al., 2014). 페리하이드라이트는 자연계에 널리 분포하는 광물로, 토양과 침전물은 물론 담수 및 해수 환경에서도 흔히 발견되는 철 화합물이다. 페리하이드라이트와 같이 결정화도가 낮은 철 산화물은 쉽게 해리되기 때문에, 이로부터 발생한 Fe(III)를 전자 수용체로 이용하는 철환원균의 생장이 촉진되면서 경쟁 관계에 있는 메탄생성균의 생장이 저해될 수 있다. 이와 더불어, HCO_3^-/CH_4(-244mV vs. 표준 수소 전극) 반응과 ferrihydrite/Fe(II) (-100~100 mV vs. 표준 수소 전극) 반응의 환원 전위를 비교해 보면 페리하이드라이트가 존재하는 환경에서 철환원균이 메탄생성균과의 기질 경쟁에서 유리하다는 것을 알 수 있다(Zhou et al., 2014).

메탄 생성 반응과 철 환원 반응의 기질 경쟁 관계는 아세트산, 에탄올, 수소 등 다양한 기질이 존재하는 환경에서 관찰된다(표 4-1). 특히, 혐기성 호흡 작용을 위한 전자 공여체가 부족하고, Fe(III)와 같은 대체 전자 수용체가 충분히 존재하는 환경에서는 철환원균과의 경쟁에 의한 메탄 생성 저해가 더욱 뚜렷하게 관찰된다(Coates et al., 2005; Lueders & Friedrich, 2002). Kato et al. (2012)와 Zhou et al. (2014)는 첨가한 Fe(III) 산화물의 종류에 따라 메탄 생성 반응에 미치는 효과가 다름을 관찰하였다. 두 연구 모두에서 페리하이드라이트를 첨가한 경우에는 메탄 생성이 저해되었으나, 마그네타이트와 헤마타이트를 첨가한 경우 메탄 생성이 촉진되는 현상이 관찰되었다. 모두 Fe(III)를 공통적으로 보유하고 있음에도 메탄 생성 반응에 대한 영향이 이처럼 다른 이유는 각 물질들의 결정화도와 전도성이 다르기 때문이다. 페리하이드라이트는 결정화도가 매우 낮기 때문에 철환원균에 의해 쉽게 전자 수용체로 이용될 수 있지만, 결정화도가 높고 (반)전도성을 띠는 마그네타이트와 헤마타이트는 해리되지 않고 형태를 유지한 채로 DIET를 촉진할 수 있다(표 3-1과 표 4-1). 또한, 비결정질의 철 산화물과 결정화도가 높은 철 산화물은 미생물에 의해 어떻게 이용되는지에 따라 상이한 메커니즘을 활성화한다. Zhou et al. (2014)에 따르면, 전자 운반체인 anthraquinone-2,6-disulfonic acid(AQDS)가 존재하는 혐기소화 조건에서 수행한 실험에서 페리하이드라이트를 첨가한 후 Fe(II) 농도가 4.1배 가량 늘어난 반면, 마그네타이트와 헤마타이트를 첨가한 경우 각각 1.3배, 0.9배의 Fe(II) 농도 증가가 관찰되었다. 이 결과로부터 페리하이드라이트의 환원은 산화환원을 중개하는 전자 전달 매개체를 통한 간접적인 전자 전달에 의해 진행된다는 것을 알 수 있다. 반면, 마그네타이트나 헤마타이트를 첨가한 경우에는 철환원균과 철 산화물 표면의 물리적인 접촉을 통해서 전자를 직접 전달하는 세포 밖 전자 전달(extracellular electron transfer)이 주요 전자 전달 기작임을 의미한다.

표 4-1. 철환원균과 메탄생성균의 기질 경쟁에 의한 메탄 생성 저해를 보고한 연구 사례

철 환원한물	농도	기질	순전 모드	종균	관찰 결과	참고 문헌
Amorphous Fe(III) oxyhydroxide	250 mM Fe	아세트산, 수소	회분식	강 퇴적물	- 50%에서 90%의 메탄 생성 저하 - Fe(III) oxyhydroxide, akaganeite, goethite, hematite 순으로 메탄 생성을 많이 저해함	(Lovley & Phillips, 1986)
Ferrihydrite	25 mM Fe	아세트산	회분식	논 토양	- 페리하이드라이트를 첨가했을 때는 메탄 생성 저하, 마그네타이트와 헤마타이트를 첨가했을 때는 메탄 생성 촉진이 관찰됨	(Zhou et al., 2014)
Ferrihydrite	15, 30 g/kg of soil	—	회분식	논 토양	- 쌀의 생육기에는 페리하이드라이트를 첨가함에 따라 43%에서 84%까지 메탄 생성이 저해됨	(Jäckel & Schnell, 2000b)

Ferrihydrite	1.5 % (wt/wt)	수소, 휘발성유기산	회분식	논 토양	- 페리하이드라이트 첨가에 의해 85%의 메탄 생성 저해	(Lueders & Friedrich, 2002)
Ferrihydrite	20 mM Fe	아세트산, 에탄올	회분식	논 토양	- 페리하이드라이트 첨가에 의해 메탄 생성 효율이 변하지 않거나 저하됨	(Kato et al., 2012)
Ferrihydrite, Lepidocrocite	-	-	회분식	논 토양	- 결정화도가 낮은 물질 (ferrihydrite, lepidocrocite)을 넣었을 때 메탄 생성 저하 - 결정화도가 높은 물질 (hematite, goethite)을 넣었을 때 메탄 생성이 약간 저하되거나 저하되지 않음	(Qu et al., 2004)
Iron(III) chloride	21 mg/L Fe(III)	티오황산염, 아황산염을 포함한 수조	회분식	하수관 벽면의 bio-film	- Fe(III) 물질을 첨가함에 따라 메탄 생성이 48 – 80%만큼 저하됨	(Zhang et al., 2009)

56

4.2. 독성 효과

지구상에 존재하는 대부분의 중금속들은 미생물의 생장에 필수적인 요소인 동시에 높은 농도에서는 독성을 나타내며, 입자 크기가 작을수록 독성이 커지는 것으로 알려져 있다. 미생물마다 다양한 중금속의 독성에 대한 민감도가 다르기 때문에, 중금속은 미생물 농도와 군집 구조에 큰 변화를 유발할 수 있다(Gadd & Griffiths, 1977). 철도 다른 중금속과 마찬가지로 독성을 나타낼 수 있으며, 여러 연구들이 다양한 철종(iron species)의 미생물 독성을 연구하였다. Auffan et al. (2008)은 Fe(II)나 Fe^0를 포함하는 나노 입자가 유발하는 산화 스트레스 때문에 *Escherichia coli*에 세포 독성을 나타낸다고 보고하였다. 이 스트레스는 철 산화물의 표면이 환원되면서 생성되는 수산화라디칼(hydroxyl radicals), 과산화수소(hydrogen peroxide)와 같은 활성산소종(reactive oxygen species)으로부터 기인한다. 활성산소종은 세포를 구성하는 여러 가지 생물학적 구조체들과 반응하여 손상을 입힌다. 또한, 나노 입자 철 화합물이 세포와 강하게 접촉되어 있을 경우, 철 화합물 표면에서 일어나는 이온과 전자의 이동이 미생물의 에너지 대사에 필요한 산화환원 반응을 방해하여 생장을 저해할 수도 있다. 한편, 철 화합물의 표면에 생성되는 Fe(II) 이온은 세포질 안으로 침투하여 미생물의 Fe(II) 조절 시스템을 교란시킬 수 있다(Keller et al., 2012).

Auffan et al. (2008)는 ZVI가 *E. coli*에 미치는 독성이 ZVI 입자 크기(즉, 비표면적)의 영향을 받는다고 보고하였다. 비표면적이 nZVI의 경우 표면에서 일어나는 반응의 속도가 빠르기 때문에, 위에서 언급된 세포 독성이나 에너지 대사 방해를 더 강하게 유발하게 된다. 이에 반해, mZVI 입자는 비표면적이 상대적으로 작기 때문에 미생물에 미치는 독성이 미미한 것으로 관찰되었다(Chen et al., 2011). 다른 연구들에서도 nZVI(지름 50-55nm)는 1% w/w(잉여슬러지 기질)(Suanon et al., 2016) 또는 1mM(포도당 기질)(Yang et al., 2013)의 매우 낮은 농도에서도 메탄 생성 반응을 저해하는 것으로 보고되었다. nZVI 표면의 산화와 함께 빠르게 생성되는 수소의 축적과 이로 인한 공정 불균형도 메탄 생성 반응을 저해하는 주요 요인 가운데 하나로 알려져 있다. 이는 표면적으로는 3.2 단원에서 다루었던 ZVI 첨가에 의한 메탄 생성 효율 향상 효과와 상반되는 결과이다. 이러한 차이는 ZVI의 입자 크기에 기인한다. 작은 입자일수록 표면적이 커지고, 일반적으로 이에 따라 반응성이 증가하기 때문이다. 3.2 단원에서 소개한 것과 같이 30mM의 mZVI(평균 크기 < 212μm)를 첨가한 경우 메탄 생성 반응이 촉진되었지만, 입자 크기가 작은 nZVI는 동일한 실험조건에서 오히려 저해 효과를 일으켰다(표 3-2와 표 4-2). nZVI의 독성은 호기성 환경보다 혐기성 환경에서 더 큰데, 이는 호기성 환경에서는 산소에 의한 부식으로 입자 표면의 반응성이 저하되는 반면 혐기성 환경에서는 이러한 효과를 기대할 수 없기 때문이다(Yang et al., 2013).

염화제2철6수화물($FeCl_3 \cdot 6H_2O$)은 메탄 생성 반응을 저해하는 것으로 보고되었으며, 이 물질을 첨가했을 때 혐기성 바이오필름에서 80%의 메탄 생성 감소가 관찰되었다(Zhang et al., 2009). 이 연구에서는 기질로 사용될 수 있는 유기물이 풍부한 조건에서 실험을 진행했기 때문에 철환원균과 메탄 생성균사이의 기질 경쟁에 의한 메탄 생성 저해 가능성은 배제되었다. 이는 철 환원 반응과 메탄 생성 반응이 모두 일어났음에도 휘발성 유기산이 모두 소모되지 않고 남아 있었다는 사실로도 뒷받침된다. 논문의 저자는 첨가한 염화제2철이 폐수에 존재하는 황화물이나 황산염과 반응하여 생성된 황화철이 메탄생성균 세포 표면에 침착되어 기질 접촉과 물질 전달을 방해하면서 메탄생성균의 생장이 저해된 것으로 판단하였다. 페리하이드라이트가 첨가된 환경에서도 이와 유사한 결과가 관찰되었고, 세포외막에 위치하는 보조인자나 단백질에 Fe(III)가 흡착되면서 메탄 생성을 직접적으로 저해했을 것으로 추측하였다(Van Bodegom et al., 2004). 예를 들면, coenzyme F_{420}는 메탄 생성 과정에서 전자 전달을 매개하는 중요한 조효소로 세포외막에 존재하는데, 과량의 Fe(III)가 존재하면 위와 같은 기작으로 활성을 잃을 수 있다(Bashiri et al., 2010). 철 화합물이 메탄생성균에 독성을 발현하는 기작에 대해서 추측이나 간접적인 증거들만 제시되었으며, 직접적인 관찰 결과는 보고된 바 없다. 메탄 생성 반응에 대한 철 화합물의 독성을 관찰한 연구 사례들을 표 4-2에 정리하였다.

표 4-2. 철 화합물이 메탄 생성 과정에 미치는 독성을 보고한 연구 사례

철화합물	농도	기질	운전 모드	종균	관찰 결과	참고 문헌
nZVI	1, 10, 30 mM	포도당	회분식	혐기슬러지	- nZVI (≥1mM)가 메탄생성균의 생장과 메탄 생성 과정을 저해함	(Yang et al., 2013)
nZVI	1% (g/g)	탈수된 하수슬러지	회분식	혐기슬러지	- nZVI (1%)의 메탄 생성 저해	(Suanon et al., 2016)
$FeCl_3 \cdot 6H_2O$	21 mg Fe/L	수조의 폐수	회분식	하수관 벽면의 biofilm	- Fe(III) 이온이 효소의 작용기와 반응하여 효소의 활성을 저해함	(Zhang et al., 2009)
$Fe(OH)_3$	10 mM	아세트산	회분식	M. hungatei, M. barkeri	- Ferrihydrite 첨가에 의해 배양액 내의 산화환원 전위가 증가함 - F_{420}의 활성이 높은 Fe(III) 농도에 의해 저해된 것으로 보임	(Van Bode-gom et al., 2004)

5. 맺음말

혐기소화는 최근 들어 재생 가능한 에너지를 생산할 수 있는 경제적이고 친환경적인 방법으로 많은 주목을 받고 있다. 혐기소화는 복잡한 유기물을 분해하는 가수분해부터 최종 산물인 바이오가스를 얻는 메탄 생성 단계까지 일련의 복잡하고 유기적인 생물학적 과정에 의해 일어나며, 다양한 미생물들이 조화로운 공생 관계를 유지하는 것이 안정적인 혐기소화를 위해 필수적이다. 따라서, 혐기소화 공정의 효율과 안정성은 시스템 내에 존재하는 미생물들의 활성과 상호작용에 의해 좌우된다. 철 화합물은 고대부터 현대까지 자연계와 공정 시스템을 막론하고 어디든지 다양하고 풍부하게 존재하며, 메탄 생성이 주요하게 일어나는 혐기성 환경에 다량 존재한다. 철은 미생물들의 생장과 활성에 필수적인 미량 원소이며, 메탄 생성 단계에서 중요한 기능을 수행하는 효소들의 주요 구성 성분이다. 하지만 본 교재에서 언급된 바와 같이, 매우 다양한 철 화합물들이 지구상에 존재하고, 각 물질마다 메탄 생성 효율에 미치는 영향의 성격과 정도가 상이하다. 이는 철 화합물의 물리화학적 특성에 의해 좌우되며, 특히 중요하게 작용하는 성질로는 용해도, 결정도, 전기전도도, 산화환원 활성 등이 있다. 이러한 성질들에 의해 메탄 생성 반응의 촉진 및 저해 여부가 좌우되며, 이와 함께 여러 가지 환경 요소들도 복합적으로 작용한다. 따라서 다양한 철 화합물이 메탄 생성 반응에 미치는 영향을 이해하고 이를 효과적으로 이용할 방법을 모색함으로써 혐기소화 공정의 효율적이고 안정적인 운전에 기여할 수 있을 것으로 기대된다.

최근 많은 연구들에서 철 화합물의 첨가에 의한 메탄 생성 촉진을 관찰하여 보고하고 있다. 예를 들어, 전도성 물질을 첨가하여 DIET를 촉진함으로써 궁극적으로 메탄 생성 효율을 향상시키는 시도들이 많은 주목을 받고 있다. 이러한 접근에 널리 활용되는 (반)전도성 철 화합물인 마그네타이트, 헤마타이트 외에도 ZVI, $FeCl_2$, $FeCl_3$ 등의 철 화합물들이 다양한 기작을 통해서 메탄 생성을 촉진시키는 것으로 보고되고 있다. 철 화합물의 메탄 생성 촉진 효과를 제대로 이용하기 위해서는 이러한 효과를 일으키는 물리화학적 및 생물학적 기작을 기초적인 레벨에서 이해할 필요가 있다. 더불어, 소화조 운전에 어떻게 철 화합물을 이용한 공정 효율 향상을 접목할 것인지에 대해서도 고려가 필요하다. 예를 들면, 어떠한 철 화합물을 선택할 것인지, 메탄 생성 촉진을 위한 최적의 농도와 입자 크기는 어떻게 되는지, 첨가에 의한 효과를 오랫동안 유지시키려면 어떻게 해야 하는지, 이에 따른 부수적인 이점이나 역효과가 존재하지 않는지 등에 대한 고찰이 이루어져야 한다.

철 화합물이 메탄 생성 반응에 미치는 영향에 대한 연구는 현재까지 대부분 회분식 반응기에서 진행되거나 합성 기질을 사용하였다. 하지만 실공정 적용을 감안하면, 실폐수를 처리하는 혼합 배양 조건에서 연속식으로 운전되는 혐기소화조를 이용하는 연구가 요구된다. 더불어, 기질로 첨가되는 폐수 및 폐기물에 이미 포함된 철 화합물의 농도 및 종류에 대해서도 조사할 필요가 있다. 몇몇 산업 현장에서 나오는 폐수에는 이미 다량의 철 화합물이 함유되어 있기 때문에, 이들이 잠재적으로 미칠 수 있는 긍정적 또는 부정적인 영향에 대해서도 자세한 검토가 필요하다. 이는 파일럿 또는 실규모 소화조에서 더 경제적인 운전을 달성하기 위한 방법뿐 아니라 목적에 따라 메탄 생성을 촉진하거나 억제할 수 있는 가능성을 탐색하는 데도 유용한 정보를 제공할 수 있을 것이다.

참고문헌

Auffan, M., Achouak, W., Rose, J., Roncato, M.-A., Chanéac, C., Waite, D.T., Masion, A., Woicik, J.C., Wiesner, M.R., Bottero, J.-Y. 2008. Relation between the redox state of iron-based nanoparticles and their cytotoxicity toward *Escherichia coli*. *Environmental science & technology*, **42**(17), 6730-6735.

Baek, G., Jung, H., Kim, J., Lee, C. 2017. A long-term study on the effect of magnetite supplementation in continuous anaerobic digestion of dairy effluent-Magnetic separation and recycling of magnetite. *Bioresource technology*, **241**, 830-840.

Baek, G., Kim, J., Cho, K., Bae, H., Lee, C. 2015. The biostimulation of anaerobic digestion with (semi) conductive ferric oxides: their potential for enhanced biomethanation. *Applied microbiology and biotechnology*, **99**(23), 10355-10366.

Baek, G., Kim, J., Lee, C. 2016. A long-term study on the effect of magnetite supplementation in continuous anaerobic digestion of dairy effluent-Enhancement in process performance and stability. *Bioresource technology*, **222**, 344-354.

Bashiri, G., Rehan, A.M., Greenwood, D.R., Dickson, J.M., Baker, E.N. 2010. Metabolic engineering of cofactor F_{420} production in *Mycobacterium smegmatis*. *PLoS One*, **5**(12), e15803.

Beinert, H. 2000. Iron-sulfur proteins: ancient structures, still full of surprises. *Journal of Biological Inorganic Chemistry*, **5**(1), 2-15.

Bosch, J., Fritzsche, A., Totsche, K.U., Meckenstock, R.U. 2010. Nanosized ferrihydrite colloids facilitate microbial iron reduction under flow conditions. *Geomicrobiology Journal*, **27**(2), 123-129.

Chen, J., Xiu, Z., Lowry, G.V., Alvarez, P.J. 2011. Effect of natural organic matter on toxicity and reactivity of nano-scale zero-valent iron. *Water research*, **45**(5), 1995-2001.

Chen, S., Rotaru, A.-E., Shrestha, P.M., Malvankar, N.S., Liu, F., Fan, W., Nevin, K.P., Lovley, D.R. 2014. Promoting interspecies electron transfer with biochar. *Scientific reports*, **4**, 5019.

Choi, G., Kim, J., Lee, S., Lee, C. 2018. Anaerobic co-digestion of high-strength organic wastes pretreated by thermal hydrolysis. *Bioresource technology*, **257**, 238-248.

Coates, J.D., Cole, K.A., Michaelidou, U., Patrick, J., McInerney, M.J., Achenbach, L.A. 2005. Biological control of hog waste odor through stimulated microbial Fe (III) reduction. *Applied and environmental microbiology*, **71**(8), 4728-4735.

Colombo, C., Palumbo, G., He, J.-Z., Pinton, R., Cesco, S. 2014. Review on iron availability in soil: interaction of Fe minerals, plants, and microbes. *Journal of Soils and Sediments*, **14**(3), 538-548.

Cornell, R.M., Schwertmann, U. 2003. *The iron oxides: structure, properties, reactions, occurrences and uses*. John Wiley & Sons.

Cruz Viggi, C., Rossetti, S., Fazi, S., Paiano, P., Majone, M., Aulenta, F. 2014. Magnetite particles triggering a faster and more robust syntrophic pathway of methanogenic propionate degradation. *Environmental science & technology*, **48**(13), 7536-7543.

De la Cruz, N., Esquius, L., Grandjean, D., Magnet, A., Tungler, A., De Alencastro, L., Pulgarín, C. 2013. Degradation of emergent contaminants by UV, UV/H_2O_2 and neutral photo-Fenton at pilot scale in a domestic wastewater treatment plant. *Water research*, **47**(15), 5836-5845.

Demirel, B., Scherer, P. 2011. Trace element requirements of agricultural biogas digesters during biological conversion of renewable biomass to methane. *Biomass and Bioenergy*, **35**(3), 992-998.

Feng, Y., Zhang, Y., Quan, X., Chen, S. 2014. Enhanced anaerobic digestion of waste activated sludge digestion by the addition of zero valent iron. *Water research*, **52**, 242-250.

Fontecave, M. 2006. Iron-sulfur clusters: ever-expanding roles. *Nature chemical biology*, **2**(4), 171.

Fredrickson, J.K., Zachara, J.M., Kennedy, D.W., Dong, H., Onstott, T.C.,

Hinman, N.W., Li, S.-m. 1998. Biogenic iron mineralization accompanying the dissimilatory reduction of hydrous ferric oxide by a groundwater bacterium. *Geochimica et Cosmochimica Acta*, **62**(19-20), 3239-3257.

Frenzel, P., Bosse, U., Janssen, P.H. 1999. Rice roots and methanogenesis in a paddy soil: ferric iron as an alternative electron acceptor in the rooted soil. *Soil Biology and Biochemistry*, **31**(3), 421-430.

Fu, F., Dionysiou, D.D., Liu, H. 2014. The use of zero-valent iron for groundwater remediation and wastewater treatment: a review. *Journal of hazardous materials*, **267**, 194-205.

Gadd, G.M., Griffiths, A.J. 1977. Microorganisms and heavy metal toxicity. *Microbial ecology*, **4**(4), 303-317.

Ge, H., Zhang, L., Batstone, D.J., Keller, J., Yuan, Z. 2012. Impact of iron salt dosage to sewers on downstream anaerobic sludge digesters: sulfide control and methane production. *Journal of Environmental Engineering*, **139**(4), 594-601.

Gorby, Y.A., Yanina,S., McLean, J.S., Rosso, K.M., Moyles, D., Dohnalkova, A., Beveridge, T.J., Chang, I.S., Kim, B.H., Kim, K.S. 2006. Electrically conductive bacterial nanowires produced by *Shewanella oneidensis* strain MR-1 and other microorganisms. *Proceedings of the National Academy of Sciences*, **103**(30), 11358-11363.

Jäckel, U., Schnell, S. 2000a. Role of microbial iron reduction in paddy soil. in: *Non-CO_2 Greenhouse Gases: Scientific Understanding, Control* *and Implementation*, Springer, pp. 143-144.

Jäckel, U., Schnell, S. 2000b. Suppression of methane emission from rice paddies by ferric iron fertilization. *Soil Biology and Biochemistry*, **32**(11-12), 1811-1814.

Jing, Y., Wan, J., Angelidaki, I., Zhang, S., Luo, G. 2017. iTRAQ quantitative proteomic analysis reveals the pathways for methanation of propionate facilitated by magnetite. *Water research*, **108**, 212-221.

Jo, Y., Kim, J., Hwang, K., Lee, C. 2018. A comparative study of single-and two-phase anaerobic digestion of food waste under uncontrolled pH conditions. *Waste Management*, **78**, 509-520.

Jolivet, J.-P., Chanéac, C., Tronc, E. 2004. Iron oxide chemistry. From molecular clusters to extended solid networks. *Chemical Communications*(5), 481-483.

Kappler, A., Straub, K.L. 2005. Geomicrobiological cycling of iron. *Reviews in Mineralogy and Geochemistry*, **59**(1), 85-108.

Kato, S., Hashimoto, K., Watanabe, K. 2012. Methanogenesis facilitated by electric syntrophy via (semi) conductive iron-oxide minerals. *Environmental microbiology*, **14**(7), 1646-1654.

Kato, S., Nakamura, R., Kai, F., Watanabe, K., Hashimoto, K. 2010. Respiratory interactions of soil bacteria with (semi) conductive iron-oxide minerals. *Environmental microbiology*, **12**(12), 3114-3123.

Keller, A.A., Garner, K., Miller, R.J., Lenihan, H.S. 2012. Toxicity of nano-zero valent iron to freshwater and marine organisms. *PLoS one*,

7(8), e43983.

Kim, D. 2004. Adsorption characteristics of Fe (III) and Fe (III)-NTA complex on granular activated carbon. *Journal of hazardous materials*, **106**(1), 67-84.

Kittel, C., McEuen, P., McEuen, P. 1996. *Introduction to solid state physics*. Wiley New York.

Kong, X., Wei, Y., Xu, S., Liu, J., Li, H., Liu, Y., Yu, S. 2016. Inhibiting excessive acidification using zero-valent iron in anaerobic digestion of food waste at high organic load rates. *Bioresource technology*, **211**, 65-71.

Konhauser, K.O., Kappler, A., Roden, E.E. 2011. Iron in microbial metabolisms. *Elements*, **7**(2), 89-93.

Li, H., Chang, J., Liu, P., Fu, L., Ding, D., Lu, Y. 2015. Direct interspecies electron transfer accelerates syntrophic oxidation of butyrate in paddy soil enrichments. *Environmental microbiology*, **17**(5), 1533-1547.

Li, H., Peng, J., Weber, K.A., Zhu, Y. 2011. Phylogenetic diversity of Fe (III)-reducing microorganisms in rice paddy soil: enrichment cultures with different short-chain fatty acids as electron donors. *Journal of Soils and Sediments*, **11**(7), 1234.

Liu, F.,Rotaru, A.-E., Shrestha, P.M., Malvankar, N.S., Nevin, K.P., Lovley, D.R. 2012a. Promoting direct interspecies electron transfer with activated carbon. *Energy & Environmental Science*, **5**(10), 8982-8989.

Liu, F., Rotaru, A.E., Shrestha, P.M., Malvankar, N.S., Nevin, K.P., Lovley,

D.R. 2015a. Magnetite compensates for the lack of a pilin-associated c-type cytochrome in extracellular electron exchange. *Environmental microbiology*, **17**(3), 648-655.

Liu, Y., Wang, Q., Zhang, Y., Ni, B.-J. 2015b. Zero valent iron significantly enhances methane production from waste activated sludge by improving biochemical methane potential rather than hydrolysis rate. *Scientific reports*, **5**, 8263.

Liu, Y., Whitman, W.B. 2008. Metabolic, phylogenetic, and ecological diversity of the methanogenic archaea. *Annals of the New York Academy of Sciences*, **1125**(1), 171-189.

Liu, Y., Zhang, Y., Quan, X., Chen, S., Zhao, H. 2011. Applying an electric field in a built-in zero valent iron-anaerobic reactor for enhancement of sludge granulation. *Water research*, **45**(3), 1258-1266.

Liu, Y., Zhang, Y., Quan, X., Li, Y., Zhao, Z., Meng, X., Chen, S. 2012b. Optimization of anaerobic acidogenesis by adding Fe^0 powder to enhance anaerobic wastewater treatment. *Chemical engineering journal*, **192**, 179-185.

Lovley, D.R. 1991. Dissimilatory Fe (III) and Mn (IV) reduction. *Microbiological reviews*, **55**(2), 259-287.

Lovley, D.R. 1987. Organic matter mineralization with the reduction of ferric iron: a review. *Geomicrobiology Journal*, **5**(3-4), 375-399.

Lovley, D.R., Phillips, E.J. 1986. Organic matter mineralization with reduction of ferric iron in anaerobic sediments. *Applied and environ-*

mental microbiology, **51**(4), 683-689.

Lovley, D.R., Phillips, E.J. 1987. Rapid assay for microbially reducible ferric iron in aquatic sediments. *Applied and Environmental Microbiology*, **53**(7), 1536-1540.

Lueders, T., Friedrich, M.W. 2002. Effects of amendment with ferrihydrite and gypsum on the structure and activity of methanogenic populations in rice field soil. *Applied and Environmental Microbiology*, **68**(5), 2484-2494.

Meng, X., Zhang, Y., Li, Q., Quan, X. 2013. Adding Fe^0 powder to enhance the anaerobic conversion of propionate to acetate. *Biochemical engineering journal*, **73**, 80-85.

Michel, F.M., Ehm, L., Antao, S.M., Lee, P.L., Chupas, P.J., Liu, G., Strongin, D.R., Schoonen, M.A., Phillips, B.L., Parise, J.B. 2007. The structure of ferrihydrite, a nanocrystalline material. *Science*, **316**(5832), 1726-1729.

Morita, M., Malvankar, N.S., Franks, A.E., Summers, Z.M., Giloteaux, L., Rotaru, A.E., Rotaru, C., Lovley, D.R. 2011. Potential for direct interspecies electron transfer in methanogenic wastewater digester aggregates. *MBio*, **2**(4), e00159-11.

Mudhoo, A., Kumar, S. 2013. Effects of heavy metals as stress factors on anaerobic digestion processes and biogas production from biomass. *International Journal of Environmental Science and Technology*, **10**(6), 1383-1398.

Pérez-Guzmán, L., Bogner, K., Lower, B. 2010. Earth's Ferrous Wheel. *Nature Education Knowledge*, **1**(10), 8.

Park, C., Muller, C.D., Abu-Orf, M.M., Novak, J.T. 2006. The effect of wastewater cations on activated sludge characteristics: effects of aluminum and iron in floc. *Water environment research*, **78**(1), 31-40.

Pol, L.H., de Castro Lopes, S., Lettinga, G., Lens, P. 2004. Anaerobic sludge granulation. *Water Research*, **38**(6), 1376-1389.

Qiang, H., Lang, D.-L., Li, Y.-Y. 2012. High-solid mesophilic methane fermentation of food waste with an emphasis on iron, cobalt, and nickel requirements. *Bioresource technology*, **103**(1), 21-27.

Qu, D., Ratering, S., Schnell, S. 2004. Microbial reduction of weakly crystalline iron (III) oxides and suppression of methanogenesis in paddy soil. *Bulletin of environmental contamination and toxicology*, **72**(6), 1172-1181.

Ren, N., Wang, B., Huang, J.C. 1997. Ethanol-type fermentation from carbohydrate in high rate acidogenic reactor. *Biotechnology and bioengineering*, **54**(5), 428-433.

Roden, E.E., Urrutia, M.M. 2002. Influence of biogenic Fe (II) on bacterial crystalline Fe (III) oxide reduction. *Geomicrobiology journal*, **19**(2), 209-251.

Roden, E.E., Wetzel, R. 2003. Competition between Fe (III)-reducing and methanogenic bacteria for acetate in iron-rich freshwater sediments. *Microbial Ecology*, **45**(3), 252–258.

Roden, E.E., Wetzel, R.G. 1996. Organic carbon oxidation and suppression of methane production by microbial Fe (III) oxide reduction in vegetated and unvegetated freshwater wetland sediments. *Limnology and Oceanography*, **41**(8), 1733–1748.

Rotaru, A.-E., Shrestha, P.M., Liu, F., Markovaite, B., Chen, S., Nevin, K.P., Lovley, D.R. 2014a. Direct interspecies electron transfer between *Geobacter metallireducens* and *Methanosarcina barkeri*. *Applied and environmental microbiology*, **80**(15), 4599–4605.

Rotaru, A.-E., Shrestha, P.M., Liu, F., Shrestha, M., Shrestha, D., Embree, M., Zengler, K., Wardman, C., Nevin, K.P., Lovley, D.R. 2014b. A new model for electron flow during anaerobic digestion: direct interspecies electron transfer to *Methanosaeta* for the reduction of carbon dioxide to methane. *Energy & Environmental Science*, **7**(1), 408–415.

Sandy, M., Butler, A. 2009. Microbial iron acquisition: marine and terrestrial siderophores. *Chemical reviews*, **109**(10), 4580–4595.

Scherer, P., Lippert, H., Wolff, G. 1983. Composition of the major elements and trace elements of 10 methanogenic bacteria determined by inductively coupled plasma emission spectrometry. *Biological trace element research*, **5**(3), 149–163.

Schmidt, J.E., Ahring, B.K. 1993. Effects of hydrogen and formate on the degradation of propionate and butyrate in thermophilic granules from an upflow anaerobic sludge blanket reactor. *Applied and environmental microbiology, **59**(8), 2546-2551.

Schwertmann, U., Taylor, R., DIXON, J., WEED, S. 1977. Minerals in soils environments. *Soil Science Society of America: Madison, WI.*

Straub, K.L., Benz, M.,Schink, B. 2001. Iron metabolism in anoxic environments at near neutral pH. *FEMS microbiology ecology*, **34**(3), 181-186.

Suanon, F., Sun, Q., Mama, D., Li, J., Dimon, B., Yu, C.-P. 2016. Effect of nanoscale zero-valent iron and magnetite (Fe_3O_4) on the fate of metals during anaerobic digestion of sludge. *Water research*, **88**, 897-903.

Takashima, M., Speece, R., Parkin, G.F. 1990. Mineral requirements for methane fermentation. *Critical Reviews in Environmental Science and Technology*, **19**(5), 465-479.

Thiele, J.H., Zeikus, J.G. 1988. Control of interspecies electron flow during anaerobic digestion: significance of formate transfer versus hydrogen transfer during syntrophic methanogenesis in flocs. *Applied and Environmental Microbiology*, **54**(1), 20-29.

Thompson, A.,Chadwick, O.A., Rancourt, D.G., Chorover, J. 2006. Iron-oxide crystallinity increases during soil redox oscillations. *Geochimica et Cosmochimica Acta*, **70**(7), 1710-1727.

Van Bodegom, P.M., Scholten, J.C., Stams, A.J. 2004. Direct inhibition of methanogenesis by ferric iron. *FEMS Microbiology Ecology*, **49**(2), 261-268.

Wang, L., Zhou, Q., Li, F. 2006. Avoiding propionic acid accumulation in the anaerobic process for biohydrogen production. *Biomass and bioenergy*, **30**(2), 177-182.

Wang, Y., Zhang, Y., Wang, J., Meng, L. 2009. Effects of volatile fatty acid concentrations on methane yield and methanogenic bacteria. *Biomass and bioenergy*, **33**(5), 848-853.

Wang, Z., Delaune, R., Patrick, W., Masscheleyn, P. 1993. Soil redox and pH effects on methane production in a flooded rice soil. *Soil Science Society of America Journal*, **57**(2), 382-385.

Weber, K.A., Achenbach, L.A., Coates, J.D. 2006. Microorganisms pumping iron: anaerobic microbial iron oxidation and reduction. *Nature Reviews Microbiology*, **4**(10), 752.

Wei, J., Hao, X., van Loosdrecht, M.C., Li, J. 2018. Feasibility analysis of anaerobic digestion of excess sludge enhanced by iron: A review. *Renewable and Sustainable Energy Reviews*, **89**, 16-26.

Whitman, W.B., Bowen, T.L., Boone, D.R. 2014. The methanogenic bacteria. in: *The prokaryotes*, Springer, pp. 123-163.

Yamada, C., Kato, S., Ueno, Y., Ishii, M., Igarashi, Y. 2015. Conductive iron oxides accelerate thermophilic methanogenesis from acetate and propionate. *Journal of bioscience and bioengineering*, **119**(6), 678-682.

Yang, Y., Guo, J., Hu, Z. 2013. Impact of nano zero valent iron (nZVI) on methanogenic activity and population dynamics in anaerobic digestion. *Water research*, **47**(17), 6790-6800.

Yin, Q., Miao, J., Li, B., Wu, G. 2017. Enhancing electron transfer by ferroferric oxide during the anaerobic treatment of synthetic wastewater with mixed organic carbon. *International Biodeterioration & Biodegradation*, **119**, 104-110.

Yu, H., Fang, H.H., Tay, J. 2000. Effects of Fe^{2+} on sludge granulation in upflow anaerobic sludge blanket reactors. *Water Science and Technology*, **41**(12), 199-205.

Zhang, L., Jahng, D. 2012. Long-term anaerobic digestion of food waste stabilized by trace elements. *Waste Management*, **32**(8), 1509-1515.

Zhang, L., Keller, J., Yuan, Z. 2009. Inhibition of sulfate-reducing and methanogenic activities of anaerobic sewer biofilms by ferric iron dosing. *Water research*, **43**(17), 4123-4132.

Zhang, Y., An, X., Quan, X. 2011. Enhancement of sludge granulation in a zero valence iron packed anaerobic reactor with a hydraulic circulation. *Process biochemistry*, **46**(2), 471-476.

Zhang, Y., Feng, Y., Quan, X. 2015. Zero-valent iron enhanced methanogenic activity in anaerobic digestion of waste activated sludge after heat and alkali pretreatment. *Waste management*, **38**, 297-302.

Zhou, S., Xu, J., Yang, G., Zhuang, L. 2014. Methanogenesis affected by the co-occurrence of iron (III) oxides and humic substances. *FEMS microbiology ecology*, **88**(1), 107-120.

Zhuang, L., Tang, J., Wang, Y., Hu, M., Zhou, S. 2015. Conductive iron oxide minerals accelerate syntrophic cooperation in methanogenic benzoate degradation. *Journal of hazardous materials*, **293**, 37-45.

본 교재는 2018년도 산업통상자원부의 재원으로 한국에너지기술평가원(KETEP)의 에너지인력양성사업으로 지원받아 수행한 인력양성 성과입니다. (No. 20164030201010/No. 20184030202250)